金设计Ⅲ

2011中国室内设计
年度优秀样板间/售楼处·办公空间作品集

CHINA INTERIOR DESIGN ADWARDS 2011
GOOD DESIGN OF THE YEAR
SHOW FLAT&SALES OFFICE · OFFICE

《金堂奖》组委会·编

中国林业出版社

年度优秀样板间 ／ 售楼处

GOOD DESIGN OF
THE YEAR SHOW FLAT & SALES OFFICE

年度优秀办公空间

GOOD DESIGN OF
THE YEAR OFFICE

JINTANGPRIZE 金堂奖

2011 中国室内设计年度评选
CHINA INTERIOR DESIGN AWARDS 2011

GOOD DESIGN
OF THE YEAR
SHOW FLAT&
SALES OFFICE
年度优秀
样板间／售楼处

主案设计:
张坚 Zhang Jian
博客:
http:// 823502.china-designer.com
公司:
厦门宽品设计顾问有限公司
职位:
设计师

项目:
北京盛世一品精装房
厦门同城湾样板房
福建连城冠豸山温泉度假酒店
厦门鹭江海景私人会所
北京双建售楼中心

长沙优山美地样板房
Changsha Yosemite Showloft

A 项目定位 Design Proposition

如果说一首诗里字与字之间的构组，不断地琢磨和精简之后，反射的心灵图像与外观画面，往往超越了文字之间的框架。

B 环境风格 Creativity & Aesthetics

那么经过设计的空间里，每个元素的存在皆通过不断的斟酌与推敲之后，才被放置在一个恰到好处的位置，都是设计者个人思维经过提炼，浓缩，整合，组织之后，衍生的情感超越了设计本身。

C 空间布局 Space Planning

如同此案提炼自唐诗却融合了生活方式。秋季是成熟的季节，本案沉稳的色调与之遥相呼应，安逸而隽永。

D 设计选材 Materials & Cost Effectiveness

半隔半透的金色夹纱玻璃宛如秋天飘落的枯黄树叶，隐约透着含蓄优雅的东方美感。

E 使用效果 Fidelity to Client

温暖的木色与柔和触感的精致布品营造出精致柔美的生活温度，构成引人吟味的生活风景。

Project Name_
Changsha Yosemite Showloft
Chief Designer_
Zhang Jian
Participate Designer_
Xu Jiangbin
Location_
Changsha Hunan
Project Area_
160sqm
Cost_
1,000,000RMB

项目名称_
长沙优山美地样板房
主案设计_
张坚
参与设计师_
许江滨
项目地点_
湖南 长沙
项目面积_
160平方米
投资金额_
100万元

主案设计:
赵绯 Zhao Fei
博客:
http://442748.china-designer.com/
公司:
中英致造设计有限公司
职位:
设计总监

职称:
高级室内建筑师
项目:
置信未来广场售楼中心
财富又一城样板房
翡翠湖畔咖啡馆
置信未来广场售楼中心
攀钢成都科研中心大楼

成都中信未来城水岸洋房T1样板房
CITIC Future City Waterfront House Model House

A 项目定位 Design Proposition
立足传承欧式设计风格，重现经典艺术革新理念。

B 环境风格 Creativity & Aesthetics
以ART DECO风格设计精华贯穿全局，重塑卓尔不凡的新生代高档社区体验。

C 空间布局 Space Planning
现代建筑设计和工艺带来的空间气势，大气简洁的块面处理和细腻华丽的细部组合。

D 设计选材 Materials & Cost Effectiveness
选择ART DECO作为本次室内概念设计的风格取向，是为再现工业时代的精神。

E 使用效果 Fidelity to Client
极大促进销售和提升整个楼盘的品质。

Project Name_
CITIC Future City Waterfront House Model House
Chief Designer_
Zhao Fei
Participate Designer_
Li Ling , Xiao Chun
Location_
Chengdu Sichuan
Project Area_
200sqm
Cost_
1500,000RMB

项目名称_
成都中信未来城水岸洋房T1样板房
主案设计_
赵绯
参与设计师_
李翎、肖春
项目地点_
四川 成都
项目面积_
200平方米
投资金额_
150万元

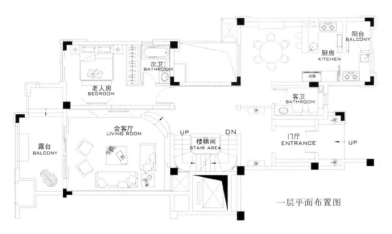

一层平面布置图

二层平面布置图

主案设计：
吴滨 Wu Bin
博客：
http://493030.china-designer.com
公司：
无间设计
职位：
首席设计总监

奖项：
2008年受邀加拿大IIDEX/NeoCon室内设计与用品展做主题演讲
2009受邀"惊艳"中国原创家居设计主题展
2010受邀"一间宅"室内设计观念展
2010受邀德国法兰克福家居展
2011《胡润百富》骑士勋章

项目：
2009年中信虹港明庭
2009年波特曼上海建业里
2009年星河湾
2010年金地湾流域
2010年天津天地源
2010年飘鹰锦和花园
2010年美兰湖中华园

上海金地天御样板间
Shanghai Jindi Tianyu Showloft

A 项目定位 Design Proposition
主人的生活都在这里得到了自由地呼吸，不局促，也不肆意，只有一种妥帖的混搭趣味。

B 环境风格 Creativity & Aesthetics
当"内敛"成为第三阶段豪宅主题词的同时，由金地天御倡领的未来新一代豪宅特征，正在愈发明显起来。

C 空间布局 Space Planning
在卧室里，设计师运用了叠加的米褐色调，仿佛像有魔力般将你拉进空间里。粉米色的墙面、雅褐色的窗艺极好地衬托出经典居家的整体气质。极富变化的新古典橄榄树瘤拼花低柜，极具东方神韵的青花瓷配上传统的欧式手工黄铜底座，插上几支工艺梅，整个空间就是一幅生活画卷，成为家中绽放的艺术。

D 设计选材 Materials & Cost Effectiveness
钢琴烤漆的方茶几，腿部细节处那独具匠心的古典纹饰，周围的沙发使用各种纯色和不同花纹的面料来搭配，光洁的肌理、饱满的色彩这正是设计师的最高境界，用设计语言来讲述主人的故事。再用嫩绿色的沙发靠枕点缀其中，整个空间一下子散发出青春的光芒，给人高贵又充满活力。

E 使用效果 Fidelity to Client
业主非常满意。

Project Name_
Shanghai Jindi Tianyu Showloft
Chief Designer_
Wu Bin
Location_
Xuhui District Shanghai
Project Area_
150sqm
Cost_
2,000,000RMB

项目名称_
上海金地天御样板间
主案设计_
吴滨
项目地点_
上海 徐汇
项目面积_
150平方米
投资金额_
200万元

主案设计：
吴滨 Wu Bin
博客：
http://493030.china-designer.com
公司：
无间设计
职位：
首席设计总监

奖项：
2008年受邀加拿大IIDEX/NeoCon室内设计
与用品展做主题演讲
2009受邀"惊艳"中国原创家居设计主题展
2010受邀"一间宅"室内设计观念展
2010受邀德国法兰克福家居展
2011《胡润百富》骑士勋章

项目：
2009年中信虹港明庭
2009年波特曼上海建业里
2009年星河湾项目
2010年金地湾流域
2010年天津天地源
2010年飘鹰锦和花园
2010年美兰湖中华园

上海金地天镜样板间
Shanghai Jindi Tianjing Showloft

A 项目定位 Design Proposition
在接手这一系列项目时，开发商已将硬装做好，但总觉得还是没有预期的感觉。

B 环境风格 Creativity & Aesthetics
当我们走进餐厅仿佛走入了悠远宁静的东方国度却又不失现代的摩登与优雅。

C 空间布局 Space Planning
因为设计师运用了白与黑为整体的色彩搭配基调，通过几何造型、不同材质及镜面的对比，将浓郁的ART DECO符号构造出生活的精致，让空间产生强烈的视觉映像。

D 设计选材 Materials & Cost Effectiveness
乳白色羊皮质感的圆形吊灯、纯黑色牛皮圆形镂空靠背座椅配以黑檀木框架，半圆形装饰造型的装饰台，一切仿佛穿越源源红尘，让物品的圆配合空间的方，完美诠释了天圆地方的天人精神。

E 使用效果 Fidelity to Client
业主很满意。

Project Name_
Shanghai Jindi Tianjing Showloft
Chief Designer_
Wu Bin
Location_
Jing'an District Shanghai
Project Area_
150sqm
Cost_
2,000,000RMB

项目名称_
上海金地天镜样板间
主案设计_
吴滨
项目地点_
上海 静安
项目面积_
150平方米
投资金额_
200万元

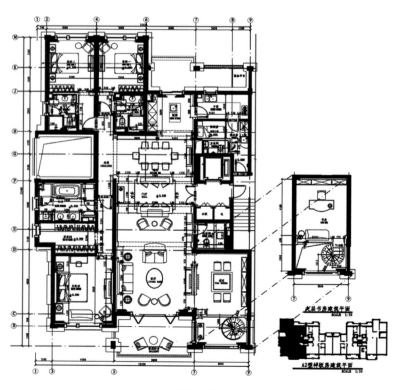

平面布置图

主案设计：
沈宝宏 Shen Baohong
博客：
http:// 820204.china-designer.com
公司：
济南优策造境艺术设计有限公司
职位：
设计总监

项目：
北京人民大会堂山东厅
山东大厦淄博厅、东营厅
济南南郊宾馆4号楼
齐鲁涧桥别墅样板房
西侯幽谷山体别墅样板房

维拉的院子5号公馆
Vera's yard No.5

A 项目定位 Design Proposition

该项目位于章丘市齐鲁涧桥——维拉的院子别墅区内。经与甲方沟通，定位为现代中式风格。保持原有建筑的空间感，摒弃复杂的装饰造型，通过后期的家具、饰品配套等营造一种既具中国传统文化的神韵又有现代生活意境的新中式风格，市场定位为注重文化与品味的高端人士。

B 环境风格 Creativity & Aesthetics

本案在设计手法上追求现代简洁，材料选择平实自然，色彩灯光则沉稳低调。新中式风格的家具是营造本案整体氛围的亮点，与众不同又极具现代感，使得整个空间所蕴涵的内在气质内敛、平实而又精致，做到浑然天成，收放自如。

C 空间布局 Space Planning

作品在空间布局上强调中式古典与现代的融合，根据户型营造不同生活场景。一层客厅与餐厅的落差增加了空间的流动感，楼梯踏步悬空处理，通过长长的白色钢筋从一层拉伸至三层，将整个空间贯穿，用最简洁的手法达到较强的视觉冲击力。

D 设计选材 Materials & Cost Effectiveness

作品广泛使用本地常见济南青大理石并在表面进行特殊处理，与老榆木镶嵌使用，使之更加自然温润；原木、竹子、自然草编壁纸也做为主要的表面元素适时使用，从而表达自然而然的设计气质，并衬托出陈设品的精致之美。

E 使用效果 Fidelity to Client

项目完成后得到业主和客户的认可和好评，目前销售情况非常好。

Project Name_
Vera's yard No.5
Chief Designer_
Shen Baohong
Participate Designer_
Tan Xiaohui , Wu Jing
Location_
Jinan Shandong
Project Area_
185sqm
Cost_
800,000RMB

项目名称_
维拉的院子5号公馆
主案设计_
沈宝宏
参与设计师_
谭晓慧、吴景
项目地点_
山东 济南
项目面积_
185平方米
投资金额_
80万元

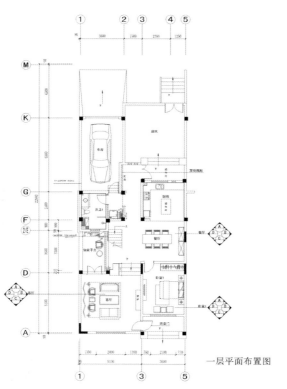

一层平面布置图

主案设计：
吴军宏 Wu Junhong
博客：
http://821823.china-designer.com
公司：
上海鼎族室内装饰设计有限公司
职位：
设计总监

奖项：
2008年"中国上海第七届建筑装饰设计大赛住宅建筑（别墅类）一等奖" 及其他二等奖，三等奖若干
2008年全国住宅装饰装修行业优秀设计师
2010年中国上海第九届建筑装饰室内设计大赛公共建筑（会所设计方案）二等奖及住宅建筑（别墅设计方案）二等奖等

项目：
无锡宝界山庄别墅样板房
上海中兴红庐别墅样板房及售楼处、会所
南京山水云房样板房
上海湖庭别墅售楼处及会所
浙江兆通大观样板房及售楼处
上海云顶别墅样板房及会所
上海半岛豪庭别墅样板房

上海中星红庐别墅样板房
Shanghai Zhongxing Honglu Villa

A 项目定位 Design Proposition

注重考虑功能的实用性和合理性。

B 环境风格 Creativity & Aesthetics

在风格的设定上，我们采用了古典新奢华主义风格，把欧式古典风格和现代时尚元素相结合，在这套房子大家可以看到，格的家俱，陈设相碰撞时，它产生了极佳的视觉效果。

C 空间布局 Space Planning

在一楼我们巧妙的挤出了中西2个厨房和早餐区，并和餐厅起居室相连，形成了一个完整的家人就餐、休闲的场所，在起居室旁设计了一间老人房套间，方便老人的生活起居。二楼充分利用空间，缩短了走廊的面积，安排了主卧套房，次卧套房和一个起居室，空间紧凑实用。地下室空间虽小，功能齐用，视听室、桌球区、酒吧区、健身房和棋牌室，样样齐全，并设置了佣人房和佣人用卫生间、洗衣房。我们对楼梯进行了改造，从而把佣人房的房门开在楼梯间下面，尽量不影响主人的生活起居。

D 设计选材 Materials & Cost Effectiveness

纯正的古典装饰元素和新奢华主义风格的家俱。

E 使用效果 Fidelity to Client

保留了古典的温馨、浪漫和文化品味，又被赋予了强烈的时代气息，处处散发着贵族的气息和低调的奢华。

Project Name_
Shanghai Zhongxing Honglu Villa
Chief Designer_
Wu Junhong
Location_
Changning District Shanghai
Project Area_
1500sqm
Cost_
16,000,000RMB

项目名称_
上海中星红庐别墅样板房
主案设计_
吴军宏
项目地点_
上海 长宁
项目面积_
1500平方米
投资金额_
1600万元

一层平面布置图　　　　　　　　　　　　　　　　二层平面布置图

主案设计：
邱宜平 Qiu Yiping
博客：
http://20740.china-designer.com
公司：
深圳派羽设计顾问有限公司
职位：
设计总监

奖项：
2010金堂奖•2010•China-Designer中国室
内设计年度评选优秀奖
2010年度Idea-Tops国际空间设计大奖（艾
特奖）提名奖
项目：
珠海国鼎集团营销中心
珠海丽景湾花园样板间数影公司广州分部办公室

深圳水榭山别墅（美式）
深圳龙城国际样板间
四川成都融创蓝谷地样板房
河南平顶山水岸豪庭样板间
广西和德城市广场售楼处及样板间
西安幸福快车商务酒店
西安高山流水茶会所

西安星币传说样板间
Xi'an Xingbi Legend Showloft

A 项目定位 Design Proposition
新东方文化。

B 环境风格 Creativity & Aesthetics
"闲寂、幽雅、朴素"是禅意空间的精神内涵，本案将禅宗理念纳入现代室内设计的构思中，并将这种美
的意识升华，以此来寻求形式上的突破。

C 空间布局 Space Planning
富有灵感的表达方式与东方文化思想相结合创造的空灵，简朴意境，注重与住宅空间的思想融合，现代中
渗透着古典的韵味，舍弃了繁杂的装饰，体现室内自身的简素之美。

D 设计选材 Materials & Cost Effectiveness
古堡灰大理石，灰绿色墙纸。

E 使用效果 Fidelity to Client
经济实用。

Project Name_
Xi'an Xingbi Legend Showloft
Chief Designer_
Qiu Yiping
Location_
Xi'an Shanxi
Project Area_
70sqm
Cost_
280,000RMB

项目名称_
西安星币传说样板间
主案设计_
邱宜平
项目地点_
陕西 西安
项目面积_
70平方米
投资金额_
28万元

平面布置图

主案设计:
刘卫军 Liu Weijun
博客:
http://175163.china-designer.com
公司:
PINKI 品伊创意集团
职位:
首席设计师、设计总监

奖项:
CIID中国建筑学会室内设计分会全国理事
中国建筑学会室内设计分会深圳（第三）专业
委员会常务副会长
美国IARI国际注册高级室内设计师
美国IDCHINA室内设计名人堂成员
全国首批设计行业优秀人才模范
深圳最具影响力十大室内设计师

项目:
2009年浙江尚格爱丁堡别墅
2009年松山湖生态园规划设计
2009年秦皇岛玻璃博物馆咖啡厅规划设计
2009年保利国际高尔夫花园别墅
2008年西安金地别墅示范单位
2008年福州正荣集团上江城会所
2008年十二橡树会所及别墅示范单位

西安阳光金城叠拼上户样板房
Xi'an Yangguang Jincheng Showflat

A 项目定位 Design Proposition
设计师将其视为勾勒西安上流阶层生活形貌的显要之居，既是西安一颗最耀眼的珍珠、更是现代都会内一处文化汇聚、视野丰盈的绿洲。

B 环境风格 Creativity & Aesthetics
设计师结合西安的传统文化、气候变化、生活习性等地域文化特性与作品本身的建筑风格有了完美的交融。

C 空间布局 Space Planning
设计师在空间布局上注重轴线的对称，保证了每个区域的方正大气，把楼顶较为狭小的空间布局成观景阁楼。

D 设计选材 Materials & Cost Effectiveness
同为高品质的别墅产品，作品在选材上并未使用过多的奢华材料。而是选择了质朴的布艺，画龙点睛的运用了阿拉伯元素的拼花彰显别致，房顶的木质横梁给人一种复古的怀旧感，在其他区域则使用了大量的环保材料，如冬暖夏凉漆、LED等。

E 使用效果 Fidelity to Client
产品最大化的挖掘了项目本身的地理文化优势和特色，增加了户内花园、露台、阁楼、吧台这些附加增值功能，成为了引导当地人们生活方式的一种趋势。目前该项目已经成功开发到第三期。

Project Name_
Xi'an Yangguang Jincheng Showflat
Chief Designer_
Liu Weijun
Location_
Xi'an Shanxi
Project Area_
320sqm
Cost_
2100,000RMB

项目名称_
西安阳光金城叠拼上户样板房
主案设计_
刘卫军
项目地点_
陕西 西安
项目面积_
320平方米
投资金额_
210万元

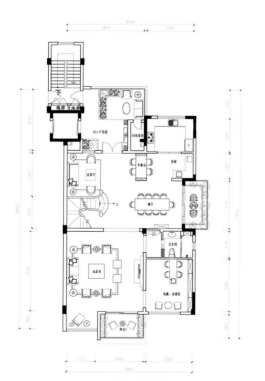

一层平面布置图

二层平面布置图

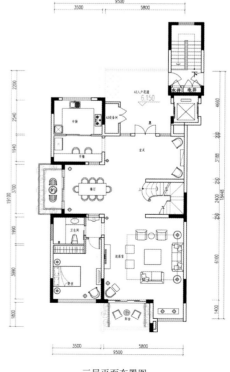

三层平面布置图

主案设计：
彭征 Peng Zheng
博客：
http://212024.china-designer.com
公司：
广州共生形态工程设计有限公司
职位：
董事、设计总监

奖项：
2007年广州开发区/萝岗区城市景观标识系统规划设计国际竞赛第一名 广州开发区管委会、广州市萝岗区政府
2008年第十六届亚太室内设计大奖 香港室内设计协会
2009年、2008年第十六届亚太区室内设计大奖巡回展览 香港室内设计协会

项目：
南昆山十字水生态度假村（二期）室内设计
"风动红棉" 2010年广州亚运会景观创意装置
凯德置地御金沙售楼部、样板房设计

广州凯德置地御金沙样板房
Guangzhou CapitaLand - Yujinsha Showflat

A 项目定位 Design Proposition

项目的目标客户群以首次置业的年轻置业者为对象。

B 环境风格 Creativity & Aesthetics

现代简约风格。

C 空间布局 Space Planning

空间布局强调开放性和空间的最大化处理，明亮的色调尽显空间的宽敞与舒适。

D 设计选材 Materials & Cost Effectiveness

朴素的木材、粗矿的毛毯、细腻的石地板，还有生动的摆件等，丰富的质感让人在宁静中享受精致的感动，在彰显户型优势及满足使用功能的同时，兼顾生活及日常的乐趣，达到乐活。

E 使用效果 Fidelity to Client

该套户型在开盘后一小时内即售罄，证明有相当准确的市场和设计定位。

Project Name_
Guangzhou CapitaLand - Yujinsha Showflat
Chief Designer_
Peng Zheng
Location_
Guangzhou Guangdong
Project Area_
120sqm
Cost_
300,000RMB

项目名称_
广州凯德置地御金沙样板房
主案设计_
彭征
项目地点_
广东 广州
项目面积_
120平方米
投资金额_
30万元

平面布置图

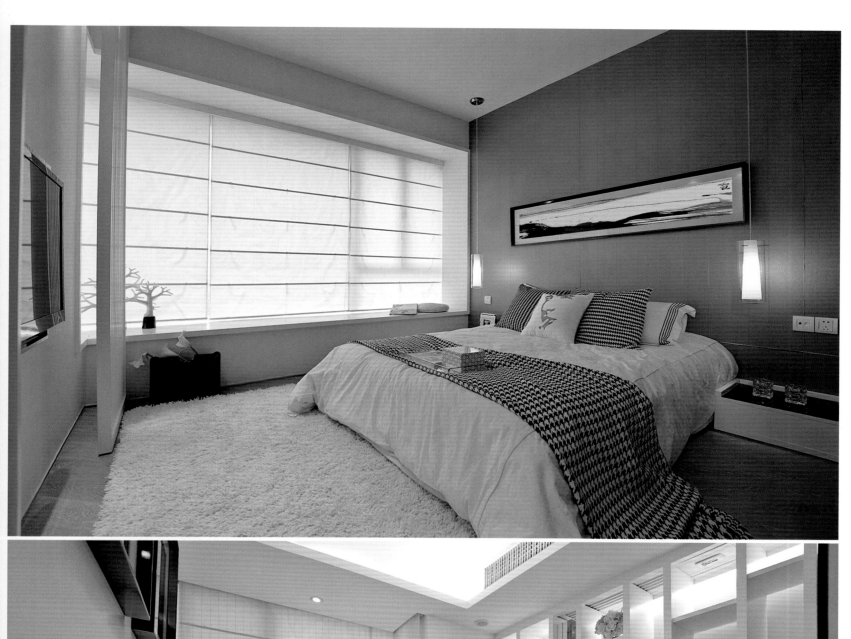

主案设计：
许幸男 Xu Xingnan
博客：
http://784731.china-designer.com
公司：
北京长城华耀装饰设计有限公司
职位：
董事设计师

项目：

正大建设、韦福建设、育东建设、仰哲建设佳原建设建筑、陶渊明建设、科美建设、全景建设、罗丹建设千景建设等数家房地产单位开发的几十部建筑会所设计、泰勒瓦Spa养生庄园设计、华德山庄度假庄园设计建筑会所设计、提香苑建筑会所设计、仰哲会所设计、泛国建设农庄会所设计。

石家庄上京别墅售楼处设计、石家庄上京别墅样板房设计、石家庄璟和公馆整体精装设计、连云港西墅海岸样板房设计、连云港西墅海岸售楼处设计、北京外联出国联合总公司。

藏峰
Cangfeng

A 项目定位 Design Proposition
跃层与大面积玻璃量体和虚空间的使用表明这是一处有着非常好的光线与景致的建筑。开发商基于建筑的诉求是一种关于Villa 的度假概念。希望住户能够体验到优雅的底蕴和度假般无限的浪漫情怀。

B 环境风格 Creativity & Aesthetics
在内部空间的规划上，设计师充分考虑人的生活习性与各个不同使用者的需求，讲求利用空间的动线来引导消费者。在设计中，将独特的天然材料作为创作源泉，同时以各种手法来使用这些天然的传统材料。

C 空间布局 Space Planning
视觉亮点是竹子与天然石系列装饰的露台与浴室，你能体会到度假般自然的风、音、光在流动。设计师在这里糅合了摩登与传统，严肃与休闲，变化与平衡，造就了这一既有现代感又有传统特色的视觉组合。

D 设计选材 Materials & Cost Effectiveness
如露天spa，天然竹子装饰的露台，大理石碎片铺地、鹅卵石铺地、水磨石地面和家具、实木装饰等，这些细节设计的概念希望能重新演绎传统的工艺，并使之拥有新的生命力。

E 使用效果 Fidelity to Client
业主非常满意。

Project Name_
Cangfeng
Chief Designer_
Xu Xingnan
Location_
Taizhong Taiwan
Project Area_
300sqm
Cost_
450,000RMB

项目名称_
藏峰
主案设计_
许幸男
项目地点_
台湾 台中
项目面积_
300平方米
投资金额_
45万元

主案设计：
许幸男 Xu Xingnan
博客：
http://784731.china-designer.com
公司：
北京长城华耀装饰设计有限公司
职位：
董事设计师

项目：
正大建设、韦福建设、育东建设、仰哲建设佳原建设建筑、陶渊明建设、科美建设、全景建设、罗丹建设千景建设等数家房地产单位开发的几十部建筑会所设计、泰勒瓦Spa养生庄园设计、华德山庄度假庄园设计建筑会所设计、提香苑建筑会所设计、仰哲会所设计、泛国建设农庄会所设计。

石家庄上京别墅售楼处设计、石家庄上京别墅样板房设计、石家庄璟和公馆整体精装设计、连云港西墅海岸样板房设计、连云港西墅海岸售楼处设计、北京外联出国联合总公司。

仰喆
Yangzhe

A 项目定位 Design Proposition

这是一套较小规模的原创性的开发建筑。设计师参与了全部的从规划到景观、建筑再到室内的全部设计。

B 环境风格 Creativity & Aesthetics

设计师通过纯洁且平衡的颜色及材料，利用分享光及周遭原生的景象表达了上流阶层对某种生活方式的渴望。

C 空间布局 Space Planning

本案一楼为售楼接待区，二楼至三楼为样板房。因为平层的面积不大，上下两层空间的动线分别就非常明显。

D 设计选材 Materials & Cost Effectiveness

一层售楼处室内深色的大理石肌理，些许的金属框架，搭配着木皮质感，以及大量的带有华丽丝质料布料创造出一个现代前卫并不失丰富感的氛围。

E 使用效果 Fidelity to Client

作为售楼处，使得整个楼盘销售量大好，赢得了业主的满意。

Project Name_
Yangzhe
Chief Designer_
Xu Xingnan
Location_
Jiayi Taiwan
Project Area_
320sqm
Cost_
3500,000RMB

项目名称_
仰喆
主案设计_
许幸男
项目地点_
台湾 嘉义
项目面积_
320平方米
投资金额_
350万元

主案设计：
李浪 Li Lang
博客：
http:// 808896.china-designer.com
公司：
大墨元筑设计工作室
职位：
设计总监

绵阳贵熙帝景样板间
Model House of Mianyang Guixi Dijing

A 项目定位 Design Proposition
该方案定位喜欢个性，追求时尚的年轻人。

B 环境风格 Creativity & Aesthetics
年轻，时尚，个性，这就是该方案诠释的主题。

C 空间布局 Space Planning
过道滑门在闭合时，厨房空间完全是独立封闭的。满足了功能上的需求。滑门滑开时又能让厨房，过道，客厅多个空间相互联系。使整个空间灵活多变。

D 设计选材 Materials & Cost Effectiveness
地面大面积马赛克的运用和拼贴方式，时尚灵动。沙发背墙的灰镜让整个空间有了很好的延伸感，让小户型也有了大空间的感受。

E 使用效果 Fidelity to Client
在满足了青年男女追求个性喜欢时尚的同时，也把小户型做出了大空间的感受。

Project Name_
Model House of Mianyang Guixi Dijing
Chief Designer_
Li Lang
Location_
Mianyang Sichuan
Project Area_
80sqm
Cost_
250,000RMB

项目名称_
绵阳贵熙帝景样板间
主案设计_
李浪
项目地点_
四川 绵阳
项目面积_
80平方米
投资金额_
25万元

主案设计:
李浪 Li Lang
博客:
http:// 808896.china-designer.com
公司:
大墨元筑设计工作室
职位:
设计总监

绵阳贵熙帝景样板间2
Model House 2 of Mianyang Guixi Dijing

A 项目定位 Design Proposition
该方案定位30~40岁左右的成功人士，除了对生活品质的追求外，还坚持自己的特色。

B 环境风格 Creativity & Aesthetics
沉稳而不乏时尚，冷峻中个性又极其鲜明，这就是该方案表达的中心。

C 空间布局 Space Planning
中西橱的改动，实用美观，书房与过道和客厅的联系也很有意思。

D 设计选材 Materials & Cost Effectiveness
客厅过道地面使用的皮纹砖，让参观者感受皮纹质感的同时，上脚的感受也非常舒适。沙发背墙大面积的黑镜让空间更有延续性，黑镜上的磨花图案也使整个空间更加生动。

E 使用效果 Fidelity to Client
家除了满足功能上的使用，还是人们心灵的港湾,也可以是人无我有的品质生活空间。

Project Name_
Model House 2 of Mianyang Guixi Dijing
Chief Designer_
Li Lang
Location_
Mianyang Sichuan
Project Area_
120sqm
Cost_
400,000 RMB

项目名称_
绵阳贵熙帝景样板间2
主案设计_
李浪
项目地点_
四川 绵阳
项目面积_
120平方米
投资金额_
40万元

主案设计：
马燕艳 Ma Yanyan
博客：
http://811662.china-designer.com
公司：
大连非常饰界设计装饰工程有限公司
职位：
设计总监

项目：
大连半岛泉水欣座样板间
大连中心裕景复式样板间
大连良运四季汇售楼处
大连第五郡样板间
大连亿达软景E居样板间
大连和韵养生会馆
大连圣泰别墅样板间

大华御庭二期联排别墅样板间
大连凯艺造型
大连金海湾样板间
大连东港印象样板间
大连大有恬园样板间
大连美辰东港印象样板间
大连德源筑作样板间

大连南石源居样板间
Dalian Nanshiyuanju Showloft

A 项目定位 Design Proposition
也许我们都会有这样的感觉，既便旅途的风景再美，当走进家门的那一刻，永远有一种无法替代的美妙感觉，熟悉的气息，亲切的环境，以及真正源自内心的安全感，这些，都是只有家能带给我们的。

B 环境风格 Creativity & Aesthetics
没有了繁复的装饰细节，简约、精练的风格，时时刻刻在传递着一种生活中的环保态度。敞开式厨房人造大理石的吧台下面是贝壳的饰面，在阳光的折射中闪现多彩的光芒，在这寒冷的冬天，却意外地闻到一种海洋的味道。两侧看似简单的马赛克做了窑裂的效果，又多了几分摩登的感觉，这些装饰结合起来让这个入口的空间变得柔和亲切。

C 空间布局 Space Planning
文化石的背景墙，散发着浓厚的自然风情，与实木的茶几相得益彰，仿佛空气中又流淌着来自于森林的某种气息，原生态的物品，少了些工业化流水线的呆板，多了些艺术创造的特征，每天抚摸这些世上独一无二的家具，透过它，仿佛穿越时光去触摸岁月的痕迹，感觉象在阅读一首诗，何其浪漫。

D 设计选材 Materials & Cost Effectiveness
最实用的返璞归真，是可以走出人为的制造和刻意的堆砌，然后拥有一个舒适和谐的环境。墙壁上沙岩的质感绘制出平衡、和谐的简单，一切纯净的色彩、天然的质地和具有实用功能的简约家具配饰，成为了房间的真正主角。纯纯的白色细麻窗帘、毛毡地毯、粗布质地的宽大沙发、纯实木的地板等等取材天然、功能实用渗透到居室的各个角落，成为居室原生态最重要的语调。

E 使用效果 Fidelity to Client
得到了业主高度评价。

Project Name_
Dalian Nanshiyuanju Showloft
Chief Designer_
Ma Yanyan
Participate Designer_
Liu Rui
Location_
Dalian Liaoning
Project Area_
102sqm
Cost_
500,000 RMB

项目名称_
大连南石源居样板间
主案设计_
马燕艳
参与设计师_
刘锐
项目地点_
辽宁 大连
项目面积_
102平方米
投资金额_
50万元

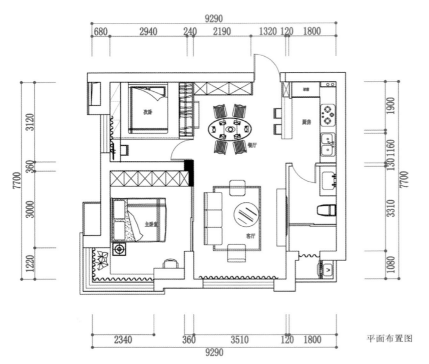

平面布置图

主案设计：
潘杨鑫 Pan Yangxin
博客：
http://816437.china-designer.com
公司：
武汉苏豪设计工作室
职位：
投资合伙人

灰白之间
Grey and White

A 项目定位 Design Proposition
对于年轻人来说，朋友家庭聚会是很平常的事，怎样把一个普通的三居室打造成为朋友们家庭聚会的场所，是本案需要表现的主要内容。

B 环境风格 Creativity & Aesthetics
黑白灰的经典主色调，但在颜色的比例上做到时尚，个性，但又不尖锐、特立独行，既小众也大众。

C 空间布局 Space Planning
打破原有空间格局的限制，跳出原结构的条条框框，我们发现家其实可以与众不同。

D 设计选材 Materials & Cost Effectiveness
材料普通，没用新工艺，但不代表没有创新。简单的东西组合得好，一样给人不一样的新感觉。

E 使用效果 Fidelity to Client
本户型30岁左右购房人群比重明显增加，女性主导客户占多数。

Project Name_
Grey and White
Chief Designer_
Pan Yangxin
Participate Designer_
Yu Likun
Location_
Wuhan Hubei
Project Area_
127sqm
Cost_
320,000RMB

项目名称_
灰白之间
主案设计_
潘杨鑫
参与设计师_
余李坤
项目地点_
湖北 武汉
项目面积_
127平方米
投资金额_
32万元

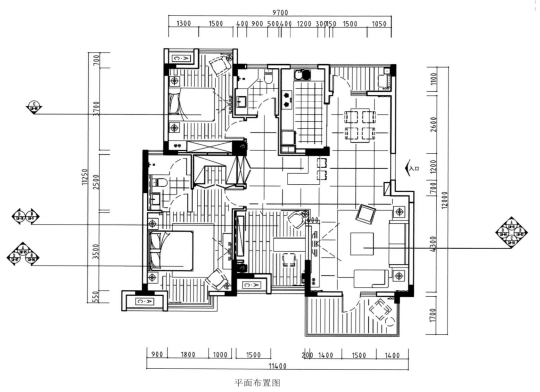

平面布置图

主案设计：
张文基 Zhang Wenji
博客：
http://819819.china-designer.com
公司：
武汉思丽室内设计有限公司
职位：
设计总监

奖项：
"神秘的古堡"荣登中央电视台交换空间
武汉十大明星设计师
欧派杯厨房空间设计大赛优秀奖
武汉十大设计师最具影响力新锐设计师

武汉香山美树样版间
Wuhan Xiangshan Meishu Showloft

A 项目定位 Design Proposition

作品以全新理念融合了庄重与优雅双重气质的现代中式。

B 环境风格 Creativity & Aesthetics

设计更多地利用了后现代手法，把传统的结构形式通过重新设计组合，以另一种民族特色的标志符号出现。

C 空间布局 Space Planning

酒店的内部空间不大，很多空间无法满足高星级酒店的标准和要求，建筑空间的局限为室内设计师完成一个满足国际标准和豪华程度的产品增加难度。因此在室内设计的氛围是我们确定核心竞争的关键，设计师将营造温馨的感受和精致华丽的空间作为设计的突破点。

D 设计选材 Materials & Cost Effectiveness

取中国传统元素精华，以水墨黑和瓷白作主基调，加入中国水墨画为题材的写意墙纸、青花瓷、整个空间宛如一幅生动的中国画。

E 使用效果 Fidelity to Client

可以说无论现在的西风如何劲吹，舒缓的意境始终是东方人特有的情怀，因此书法常常是成就这种诗意的最好手段。这样躺在舒服的沙发上，任千年的故事顺指间流淌。

Project Name_
Wuhan Xiangshan Meishu Showloft
Chief Designer_
Zhang Wenji
Location_
Wuhan Hubei
Project Area_
113sqm
Cost_
500,000RMB

项目名称_
武汉香山美树样版间
主案设计_
张文基
项目地点_
湖北 武汉
项目面积_
113平方米
投资金额_
50万元

主案设计：
李文婷 Li Wenting
博客：
http://819962.china-designer.com
公司：
四川创视达建筑装饰设计有限公司
职位：
设计师

项目：
峨眉山大酒店3#楼
外婆乡村菜酒楼
预府花都
大陆集团办公楼室内设计
首座某公司办公室室内设计
泸州•酒城花园售楼部
达州•旺角城售楼部及样板间

三利宅院

成都华润橡树湾B
Chengdu CRC Oak Bay

A 项目定位 Design Proposition
对于一个家庭来说，整体的功能性、实用性非常重要。

B 环境风格 Creativity & Aesthetics
如何将空间设计得简单、舒适并带有休息感是该设计希望能达到的目的，用最简单的语言来表达复杂的思想。

C 空间布局 Space Planning
枫木从立面一直延伸到天棚，与简单的墙面做对比，进而重新赋予空间一种极简及些许前卫的特点。

D 设计选材 Materials & Cost Effectiveness
镜面的折射效果活跃了整个空间，将温馨的生活气息辐射于四周。

E 使用效果 Fidelity to Client
很受业主欢迎。

Project Name_
Chengdu CRC Oak Bay
Chief Designer_
Li Wenting
Location_
Chengdu Sichuan
Project Area_
100sqm
Cost_
300,000RMB

项目名称_
成都华润橡树湾B
主案设计_
李文婷
项目地点_
四川 成都
项目面积_
100平方米
投资金额_
30万元

主案设计：
石巍 Shi Wei
博客：
http:// 143828.china-designer.com/
公司：
济南佳世春装饰有限公司
职位：
设计总监

济南东山墅
Jinan Dongshan Villa

A 项目定位 Design Proposition
客厅影视墙如同大写意的水墨山水，大气、简洁、自然。精挑细选的石材，运用纹理在空间里延伸着她独特的思想。

B 环境风格 Creativity & Aesthetics
成品深色镜框线、手绘壁纸上的花鸟画、中国古典花格的白色处理、点缀着中式风韵的绣花抱枕……皆在传达中国传统文化与现代生活方式的相融。

C 空间布局 Space Planning
餐厅的灯具与客厅的灯具对比强烈，客厅的灯具非常现代，餐厅的灯具及吊顶则巧妙地融入了新中式元素，红色的灯罩，佛手，茶色的镜面，安静的水晶帘……映衬着精致的生活。

D 设计选材 Materials & Cost Effectiveness
餐厅的墙面是云、水、鱼图案的现代变形，体现了一种文化的延伸，图形是设计师的原创。通过西方现代构成的形式，表现中国传统的云纹，水纹，鱼的图形。餐厅区域的地面采用了雨林啡天然石材，此种石材的纹理和图案极像了中国画中的枯笔和腊梅。主卧卫生间玻璃墙的设计，直率、直白、直接，既扩大了空间又丰富了生活情调。

E 使用效果 Fidelity to Client
在一个完全属于自我的空间中，享受自然，自由，自在……

Project Name_
Jinan Dongshan Villa
Chief Designer_
Shi Wei
Location_
Jinan Shandong
Project Area_
127sqm
Cost_
400,000RMB

项目名称_
济南东山墅
主案设计_
石巍
项目地点_
山东 济南
项目面积_
127平方米
投资金额_
40万元

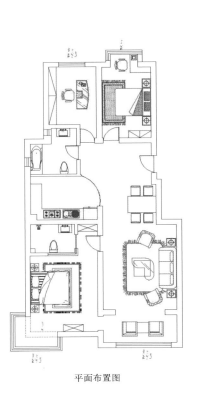

平面布置图

主案设计：
李文婷 Li Wenting
博客：
http://819962.china-designer.com
公司：
四川创视达建筑装饰设计有限公司
职位：
设计师

项目：
峨眉山大酒店3#楼
外婆乡村菜酒楼
预府花都
大陆集团办公楼室内设计
首座某公司办公室室内设计
泸州•酒城花园售楼部
达州•旺角城售楼部及样板间

三利宅院

成都国嘉城南逸家别墅样板间A
Chengdu Guojiacheng Nanyijia Showloft A

A 项目定位 Design Proposition

后现代风格，在援引在形式上对现代主义进行修正的设计。

B 环境风格 Creativity & Aesthetics

经过与现代精神、技术的结合，在色彩、气韵、意境等方面的创新表达。

C 空间布局 Space Planning

我们摒弃了常用的大花园的设计手法，大量运用体块的变化，通过半透明玻璃穿透性，客厅、餐厅及厨房都有很好的互动交流。

D 设计选材 Materials & Cost Effectiveness

地面石材拼花延伸拉长了人的视觉效果，增加了空间的宽度。和谐的马赛克与木质的对比依旧存在，简洁的天棚造型与地面呼应，白色的瓷质餐具、透明优雅的高脚杯、木质橱柜形成柔和的视觉冲击。

E 使用效果 Fidelity to Client

业主很喜爱。

Project Name_
Chengdu Guojiacheng Nanyijia Showloft A
Chief Designer_
Li Wenting
Location_
Chengdu Sichuan
Project Area_
300sqm
Cost_
3,000,000RMB

项目名称_
成都国嘉城南逸家别墅样板间A
主案设计_
李文婷
项目地点_
四川 成都
项目面积_
300平方米
投资金额_
300万元

主案设计：
李文婷 Li Wenting
博客：
http://819962.china-designer.com
公司：
四川创视达建筑装饰设计有限公司
职位：
设计师

项目：
峨眉山大酒店3#楼
外婆乡村菜酒楼
预府花都
大陆集团办公楼室内设计
首座某公司办公室室内设计
泸州•酒城花园售楼部
达州•旺角城售楼部及样板间

三利宅院

成都国嘉城南逸家样板间
Chengdu Guojiacheng Nanyijia Showloft

A 项目定位 Design Proposition
该别墅隐身于江安河畔内，是绝佳理想的居住环境。为打造室内空间的实用性和宽敞性，利用浅色开展视觉空间的延伸及穿透，并增加运用空间的层次变化，创造出丰富的使用空间。

B 环境风格 Creativity & Aesthetics
我们希望营造出现代人追求的品质及兼顾生活使用性，两者之间有更好的融合。

C 空间布局 Space Planning
独立电梯让主人更有归属感。玄关、客厅、餐厅，都尽量呈现豪宅的气势，展现在空间布局上的整体设计，并能感受到客厅，餐厅开放空间的宽敞与气度，配上精致时尚的家具及典藏的艺术品彼此相互呼应，反映出优雅的生活模式和品位。

D 设计选材 Materials & Cost Effectiveness
主卧室的设计维持一种品质、舒适的基调，反映出高雅的生活模式。主浴室除了有高质感的卫浴设备外，更拥有双面盆台面及独立浴缸。酒店般的生活质量，置身在此样板间内均能一一感受到。

E 使用效果 Fidelity to Client
业主很满意。

Project Name_
Chengdu Guojiacheng Nanyijia Showloft
Chief Designer_
Li Wenting
Location_
Chengdu Sichuan
Project Area_
100sqm
Cost_
1,000,000RMB

项目名称_
成都国嘉城南逸家样板间
主案设计_
李文婷
项目地点_
四川 成都
项目面积_
100平方米
投资金额_
100万元

主案设计：
陈相和 Chen Xianghe
博客：
http://821694.china-designer.com
公司：
昆明中策装饰有限公司
职位：
主任级设计师

奖项：
2008 "奥运杯" 设计大赛金奖
《滇池卫城紫艺》获 "云南省第九届家居博览会" 铜奖
《玉溪溪园》以 "华丽而不张扬的家" 为主题获 "第八届中国国际室内设计双年展" 入围奖
项目：
银河星辰、列农溪谷别墅、滇池卫城、创意英国、香槟小镇、世纪半岛别墅、春城佳墅、理想小镇、云南映象、银海森林、滇池卫城微风岛别墅、滇池卫城鹿港别墅、高天流云、恒大金碧天下、颐庆园、银海畅园……

版筑·翠园

Banzhu · Cuiyuan

A 项目定位 Design Proposition

时尚、个性而不张扬，喜欢简洁大方的业主，都市白领阶层。

B 环境风格 Creativity & Aesthetics

黑白对比、流畅线条，把简约风格的 "简" 强调到极致。

C 空间布局 Space Planning

87.6平方米的空间，做出4房2厅，大大提高得房率。结构上：原来入户门厅改变成书房，增加房子的得房率和适用性。开放式的厨房设计，造型利落，机能完整。连接餐厅的吧台区，拥有宽阔的动线尺寸，提供品酒或就餐的高质感空间，纯白钢烤漆面板与人造大理石台面，色调延续整体空间的优雅气质。客厅与餐厅以开放式的设计表现，展现空间的流畅感与现代感，利用飘窗做的次沙发，更使得空间宽敞而大气，想像下，在这儿喝着咖啡，半躺着身接受自然阳光洗礼的感觉吧。室内花厅改造后变成多功能厅，是个喝茶、闲聊、阅览、娱乐的好地方。从多功能厅进入卧室空间，以简单、干净、舒适的基调反映出优雅的生活模式与品位。黑白相对的衣柜与黑色的矮柜融为一体，加上飘窗椅子的点缀，更使得卧室大气而富有情调和品质。考虑到物品的收纳，在面盆侧边做臂龛，提供卫生间物品的收纳功能。深、浅色搭配的墙、地砖，则增加了卫生间宽敞的视觉感受。

D 设计选材 Materials & Cost Effectiveness

本案致力于打造一个现代、简约、时尚的生活环境。结合明亮的光感，和极具对比度的家具搭配，让本案在装点时尚的同时，也不脱离现代宜居生活的品质感。

E 使用效果 Fidelity to Client

样板房展出后，此户型已全部售完。

Project Name_
Banzhu · Cuiyuan
Chief Designer_
Chen Xianghe
Location_
Kunming Yunnan
Project Area_
87sqm
Cost_
320,000RMB

项目名称_
版筑·翠园
主案设计_
陈相和
项目地点_
云南 昆明
项目面积_
87平方米
投资金额_
32万元

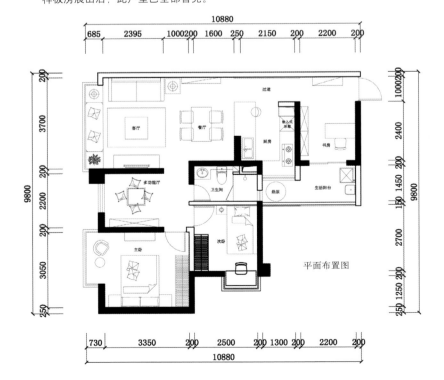

平面布置图

主案设计：
张植蔚 Zhang Zhiwei
博客：
http://823050.china-designer.com
公司：
昆明中策装饰有限公司
职位：
主任级设计师

项目：
世博生态城
创意英国
湖畔之梦
广基海悦
海康花园

大理公馆
Dali Residence

A 项目定位 Design Proposition

以项目所处位置进行设计定位，用"远山"的主题来做整体设计，以符合项目所处位置面前有海，远方有山的地理优势并融入到设计中，以中式的理念中"虚实结合"的方式来表现，以体现项目优越的地理优势。

B 环境风格 Creativity & Aesthetics

将室外园林的水景与室内的SPA区域联接起来，并将水景与远方的海景联接起来，形成小山水格局。

C 空间布局 Space Planning

重新规划了平面布局设置，使得地下室有更多的功能融入，并使用"虚实结合"的理念，将冥想室与茶室进行可开可合的虚隔断，茶室与书房间也同样使用这种手法，将收藏室与书房进行整合，整体布局上呼应设计理念。

D 设计选材 Materials & Cost Effectiveness

使用油画将隔断及玄关的装饰性提升，使用水墨画窗纱将窗外的景观与"虚"的国画融合。

E 使用效果 Fidelity to Client

在当前项目所处地块中，该项目售价为其他项目的一倍，开始销售后即售罄。

Project Name_
Dali Residence
Chief Designer_
Zhang Zhiwei
Location_
Dalishibaizuzizhizhou District Yunnan
Project Area_
450sqm
Cost_
2,000,000RMB

项目名称_
大理公馆
主案设计_
张植蔚
项目地点_
云南 大理白族自治州
项目面积_
450平方米
投资金额_
200万元

主案设计：
彭征 Peng Zheng
博客：
http://212024.china-designer.com
公司：
广州共生形态工程设计有限公司
职位：
董事、设计总监

奖项：
2007年广州开发区/萝岗区城市景观标识系统规划设计国际竞赛第一名 广州开发区管委会、广州市萝岗区政府
2008年第十六届亚太室内设计大奖 香港室内设计协会
2009年、2008年第十六届亚太区室内设计大奖巡回展览 香港室内设计协会

项目：
南昆山十字水生态度假村（二期）室内设计
"风动红棉" 2010年广州亚运会景观创意装置
凯德置地御金沙售楼部、样板房设计

广州凯德置地御金沙售楼部
Guangzhou CapitaLand - Yujinsha Sales Center

A 项目定位 Design Proposition
从无到有，再从有到无，作为临时性商业建筑的售楼部设计强调低造价、生态性和可持续。

B 环境风格 Creativity & Aesthetics
现代简约风格，强调室内与建筑、景观在设计风格上的一致性。

C 空间布局 Space Planning
化整为零的建筑由栈桥和廊道串联起绿墙、接待大厅、洽谈区和数字体验区四个功能单体，最后通向示范单位。方案强调销售流线的动态设计，也注重人在动态中对空间的体验。

D 设计选材 Materials & Cost Effectiveness
设计将"绿墙"作为建筑的素材，另外考虑使用了造型新颖的拉模结构。

E 使用效果 Fidelity to Client
该设计展示出良好的企业形象与楼盘的国际化特色，该项目开盘当日即卖掉70%的物业。

Project Name_
Guangzhou CapitaLand - Yujinsha Sales Center
Chief Designer_
Peng Zheng
Location_
Guangzhou Guangdong
Project Area_
500sqm
Cost_
3000,000RMB

项目名称_
广州凯德置地御金沙售楼部
主案设计_
彭征
项目地点_
广东 广州
项目面积_
500平方米
投资金额_
300万元

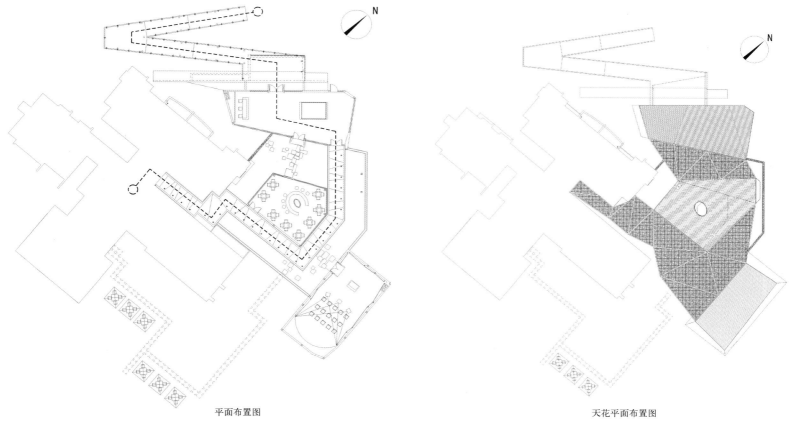

平面布置图　　　　　　　　　　　　　　　　　　　　　　　天花平面布置图

主案设计：
凌子达 Ling Zida
博客：
http://823639.china-designer.com
公司：
KLID达观国际建筑室内设计事务所
职位：
设计总监

奖项：
2011年获 "2011金座杯上海国际室内设计节精品展"
2011年获 "金指环2009全球室内设计大奖"
2011年获 "金指环2009全球室内设计大奖"
2011年获 "金指环2009全球室内设计大奖"
2011年获 "金指环2009全球室内设计大奖"
2011年获 "金指环2009全球室内设计大奖"

2011年 获 "金指环2009全球室内设计大奖"
2010年 获 " 32 nd Annual Interiors Awards of American"
餐饮空间类奖
项目：
台湾项目：天池、天母使馆、国家艺术馆等
香港项目：香港毕架山别墅等
上海项目：格林世界二期、新华别墅、莱茵郡别墅样板房
北京项目：东山墅别墅、马驹桥样本样板房D-F

The Float
The Float

A 项目定位 Design Proposition
这个设计案我们是从建筑到室内以及景观三个方面同时整体构思完成的。

B 环境风格 Creativity & Aesthetics
本案为一个售楼中心，而案名为[天墅],所以以此案名为出发点构思概念 。

C 空间布局 Space Planning
而且项目地点位于厦门市中心，基地周围条件不理想，有旧公寓以及工地现场，正对面是一所学校，四周围并无景观可言。

D 设计选材 Materials & Cost Effectiveness
终是以【漂浮Float】为概念，把整个售楼中心拉至2F的一个高度，并自己创造景观，一个叠级的水池，使售楼中心好似漂浮在水面上，并且来访参观者是走国大面水池，并穿过售楼处底部，走道后面的楼梯再上到售楼大厅。

E 使用效果 Fidelity to Client
建筑法构为钢结构，建筑设计与室内设计力求手法的整体与统一性。

Project Name_
The Float
Chief Designer_
Ling Zida
Participate Designer_
Yang Jiayu
Location_
Xiamen Fujian
Project Area_
600sqm
Cost_
3,000,000RMB

项目名称_
The Float
主案设计_
凌子达
参与设计师_
杨家瑀
项目地点_
福建 厦门
项目面积_
600平方米
投资金额_
300万元

主案设计：
杨欣淇 Yang Xinqi
博客：
http:// 821613.china-designer.com
公司：
湖南美迪装饰公司
职位：
首席设计师

职称：
中国注册高级室内建筑师
中国建筑学会室内设计分会会员
2005年湖南十佳新锐建筑师
2006 年全国优秀设计师
奖项：
2007年第三届IFI国际室内设计大赛佳作奖
2007年湖南第七届室内设计大赛金奖

2009年湖南第九届室内设计大赛铜奖
第十届中国室内设计大赛双年展金奖
第六届IFI国际室内设计大赛优秀奖
项目：
麓山名园
BOBO国际
王府花园

白·吐息
White · Breath

A 项目定位 Design Proposition
针对年轻时尚的都市新贵一族，重品质、懂生活、有活力成为本案的主导设计思路。

B 环境风格 Creativity & Aesthetics
阳光、青春、活力四射是本案不同于其他物业的定位，高质感白色、透明裸色结合拥有贵族气息的香槟金及银色用体现时代感简洁的设计手法演绎新贵气息。

C 空间布局 Space Planning
自由、随性、慵懒的布局表形在公共会客区域，室内和室外庭院完美结合，书吧的功能可塑性及设置位置打破了客餐厅拘束感……使空间更具灵动性。

D 设计选材 Materials & Cost Effectiveness
材质不同角色的演绎，不局限的使用各种类别材质……曲线天成的哈哈镜扩大了眼睑，天然石材、皮革植入有立体变化的基础涂料给空间再注入新鲜的心泉。

E 使用效果 Fidelity to Client
作为极具参考价值的样板空间引入生动而清新的生活方式，让人感受到创意带来的价值、引入新的时尚趋势。

Project Name_
White · Breath
Chief Designer_
Yang Xinqi
Location_
Changsha Hunan
Project Area_
135sqm
Cost_
300,000RMB

项目名称_
白·吐息
主案设计_
杨欣淇
项目地点_
湖南 长沙
项目面积_
135平方米
投资金额_
30万元

主案设计：
王哲敏 Wang Zhemin
博客：
http://805505.china-designer.com
公司：
海诚之行建筑装饰设计咨询有限公司
职位：
创始人兼设计总监

奖项：
2010 "金外滩奖" 最佳居住空间提名奖
2011设计新势力——上海十大设计师称号
项目：
瑞安中华汇广州创逸雅苑会所、售楼处、样板房
瑞安中华汇重庆首座大厦商场、售楼处
瑞安中华汇重庆首座大厦公寓、办公样板房
瑞安中华汇沈阳天地展示厅、样板房

瑞安中华汇成都销售中心、办公样板层
仁恒上海江湾城怡庭样板房
仁恒上海河滨城样板房
瑞安上海新天地南里商场改造
泰升天津泰悦豪庭会所、售楼处、样板房
晋合武汉金桥世家样板房

广州创逸雅苑销售中心
Guangzhou Chuangyi Yayuan Sales Center

A 项目定位 Design Proposition
这是一个三层楼的弧形建筑。

B 环境风格 Creativity & Aesthetics
整体为现代风格。

C 空间布局 Space Planning
特别是如一轮弯月般垂下的珠帘，将偌大的空间装点得柔美梦幻。

D 设计选材 Materials & Cost Effectiveness
除了建筑的线条是流畅型的以外，接待台、接待大厅里的沙发、茶几、地毯的图案、装饰吊灯等的线条不无是简单流畅的。

E 使用效果 Fidelity to Client
此项目的设计得到了业主的好评，吸引了更多客户的目光。

Project Name_
Guangzhou Chuangyi Yayuan Sales Center
Chief Designer_
Wang Zheming
Location_
Guangzhou Guangdong
Project Area_
200sqm
Cost_
3,000,000 RMB

项目名称_
广州创逸雅苑销售中心
主案设计_
王哲敏
项目地点_
广东 广州
项目面积_
200平方米
投资金额_
300万元

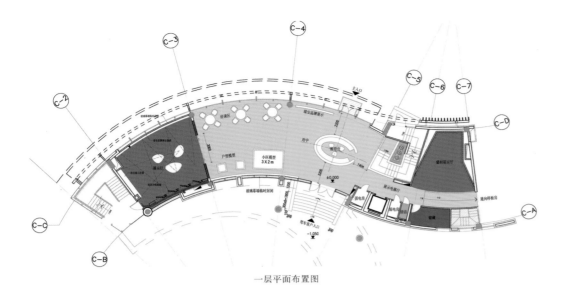

一层平面布置图

二层平面布置图

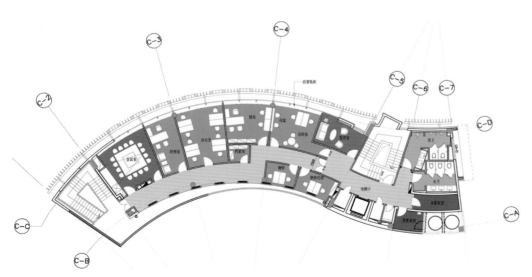

三层平面布置图

主案设计:
王哲敏 Wang Zhemin
博客:
http://805505.china-designer.com
公司:
海诚之行建筑装饰设计咨询有限公司
职位:
创始人兼设计总监

奖项:
2010 "金外滩奖" 最佳居住空间提名奖
2011设计新势力——上海十大设计师称号
项目:
瑞安中华汇广州创逸雅苑会所、售楼处、样板房
瑞安中华汇重庆首座大厦商场、售楼处
瑞安中华汇重庆首座大厦公寓、办公样板房
瑞安中华汇沈阳天地展示厅、样板房

瑞安中华汇成都销售中心、办公样板层
仁恒上海江湾城怡庭样板房
仁恒上海河滨城样板房
瑞安上海新天地南里商场改造
泰升天津泰悦豪庭会所、售楼处、样板房
晋合武汉金桥世家样板房

沈阳中汇广场销售展示厅
Shenyang Zhonghui Plaza Sales Center

A 项目定位 Design Proposition
业主方希望这不仅是一个销售中心，更是一个主题展示厅，赋予楼盘更多的文化气息。

B 环境风格 Creativity & Aesthetics
应业主的要求，根据沈阳的实际情况，设计师将主题定义为 "沈阳——工业老城的过去和现在"。

C 空间布局 Space Planning
由于售楼处开放是在冬天，为了让参观的客人们有宾至如归的温馨感受，设计师将前往样板房的长长的走廊设计成春夏季节小区里的花园走道，让来参观的客人们提前感受入住后漫步花园时的怡然闲情。

D 设计选材 Materials & Cost Effectiveness
在入口处摆放旧铁轨及火车轮，浓浓的怀旧气息迎面扑来。

E 使用效果 Fidelity to Client
业主对此项目非常满意。

Project Name_
Shenyang Zhonghui Plaza Sales Center
Chief Designer_
Wang Zheming
Location_
Shenyang Liaoning
Project Area_
300sqm
Cost_
5,000,000 RMB

项目名称_
沈阳中汇广场销售展示厅
主案设计_
王哲敏
项目地点_
辽宁 沈阳
项目面积_
300平方米
投资金额_
500万元

平面布置图

主案设计：
黄少雄 Huang Shaoxiong
博客：
http:// 809332.china-designer.com
公司：
同3组
职位：
设计总监

项目：
厦门金门湾大酒店
禹州尊海会所
厦门国贸蓝海高层样板房
古龙御园售楼会所
厦航高郡售楼会所

厦门公园道1号售楼处
Xiamen No. 1 Park Road, Sales Office

A 项目定位 Design Proposition

生态、低碳已是今天各行业的发展方向，公园道1号便是以此为开发理念的楼盘。不是简单的一句口号，应贯穿到整个开发的过程中。"回归"就是我们对这个售楼处的概念定位：回归自然、回归生态，回归人所需要的亲切材质和尺度。

B 环境风格 Creativity & Aesthetics

木本色、叶绿色、石灰色、云白色营造一个与大自然色彩一致的室内环境；墙面局部凸出的木块，略微外翘的控台弧线，晶状形象墙，年轮图案是小区地貌景观设计理念的室内延伸。

C 空间布局 Space Planning

售楼处位于小区的一间配套店面，面积不大，特点是有弧形的玻璃幕墙。空间设计上采用斜墙、斜灯槽、斜铺地面来组织空间。创造了层次丰富的空间序列。

D 设计选材 Materials & Cost Effectiveness

大量选用天然材料，让室内空间更亲切、生态。

E 使用效果 Fidelity to Client

当购房者进入售楼处后，有很强的"回归"感。

Project Name_
Xiamen No. 1 Park Road, Sales Office
Chief Designer_
Huang Shaoxiong
Participate Designer_
Liu Panyun , Li Lin , Xiao Huihua
Location_
Xiamen Fujian
Project Area_
240sqm
Cost_
1,000,000RMB

项目名称_
厦门公园道1号楼处
主案设计_
黄少雄
参与设计师_
刘攀云、李霖、肖辉华
项目地点_
福建 厦门
项目面积_
240平方米
投资金额_
100万元

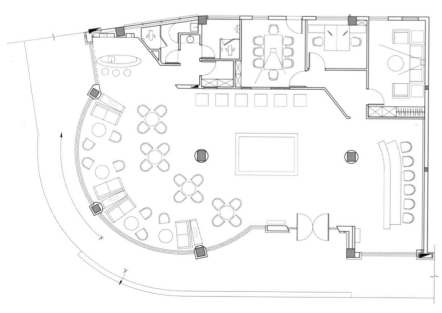

平面布置图

主案设计：
姚海滨 Yao Haibin
博客：
http://816176.china-designer.com
公司：
深圳市砚社室内装饰设计有限公司
职位：
总经理

奖项：
深圳万科四季花城
深圳万科金域蓝湾
深圳万科十七英里
深圳万科东海岸
深圳万科万科城
重庆龙湖蓝湖郡
重庆龙湖悠山郡

重庆龙湖东桥郡
北京龙湖香醍漫步
天津金地格林世界
深圳中海半山溪谷
西安中海国际社区
西安万科金色城品

重庆万科锦程会所
Vanke Chongqing Jincheng Club

A 项目定位 Design Proposition
设计创作理念均来自东南亚度假酒店。

B 环境风格 Creativity & Aesthetics
入住后会体验到安逸。

C 空间布局 Space Planning
它模糊了时间与空间的界限，倡导在社区内自由交流、沟通，是业主互动、共享的一种生活方式。

D 设计选材 Materials & Cost Effectiveness
运用质感涂料、大理石与橡木地板相结合的现代东南亚风格。

E 使用效果 Fidelity to Client
这种设计很合理，以后重庆会推广，越来越多。

Project Name_
Vanke Chongqing Jincheng Club
Chief Designer_
Yao Haibin
Location_
Yuzhong District Chongqing
Project Area_
1000sqm
Cost_
500,000RMB

项目名称_
重庆万科锦程会所
主案设计_
姚海滨
项目地点_
重庆 渝中
项目面积_
1000平方米
投资金额_
50万元

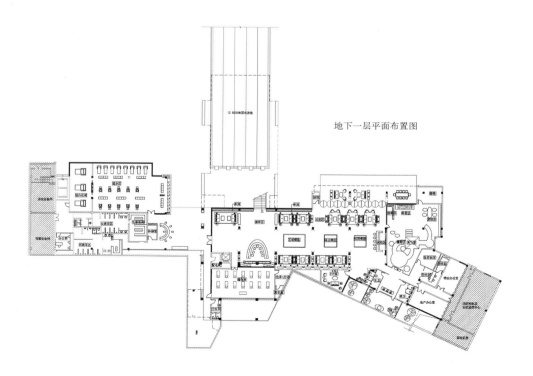

地下一层平面布置图

主案设计:
杨伟勤 Yang Weiqin
博客:
http://817855.china-designer.com
公司:
北京清水爱派建筑设计有限公司
职位:
装饰设计工程部副经理

奖项:
2010年中国室内设计大奖赛文教、医疗方案
类二等奖
2010年中国室内设计大奖赛文教、医疗方案
类三等奖
中国环境设计年鉴2010室内篇
2008年中国室内设计大奖赛佳作奖

项目:
徐州音乐厅室内
大连体育中心体育馆
重庆大剧院室内二标段
云阳县市民文化活动中心
大连旅顺文体中心
沛县政府办公大楼

福州安尼女王销售中心
Fuzhou Queen Anne Sales Center

A 项目定位 Design Proposition
"速写"从方案到施工,一个月完成!

B 环境风格 Creativity & Aesthetics
甲方将该销售中心的风格意向定位为"建筑会馆",所以委托原建筑设计单位完成室内设计,也是不二之选,也为这么短时间完成这个1000多平方米的项目,变得看似可能。

C 空间布局 Space Planning
战斗开始了!甲方坐阵,与建筑师、室内设计师一同开展工作,顺应建筑设计,很快确定了空间基调,概念方案、平立面、轮廓线定位、选材,与现场工作几乎是同步展开,一切推进的行云流水,没有回头路,每一步很慎重、也很迅速……

D 设计选材 Materials & Cost Effectiveness
运用了大量大理石、水晶、陶瓷等材质。

E 使用效果 Fidelity to Client
得到业主的一致认可和好评,也很好地实现了设计初衷。

Project Name_
Fuzhou Queen Anne Sales Center
Chief Designer_
Yang Weiqin
Participate Designer_
Cheng Gang , Sun Feng , Tao Xiaofei , Yao Yueliang
Location_
Fuzhou Fujian
Project Area_
1100sqm
Cost_
2200,000 RMB

项目名称_
福州安尼女王销售中心
主案设计_
杨伟勤
参与设计师_
程刚、孙锋、陶晓菲、姚岳亮
项目地点_
福建 福州
项目面积_
1100 平方米
投资金额_
220万元

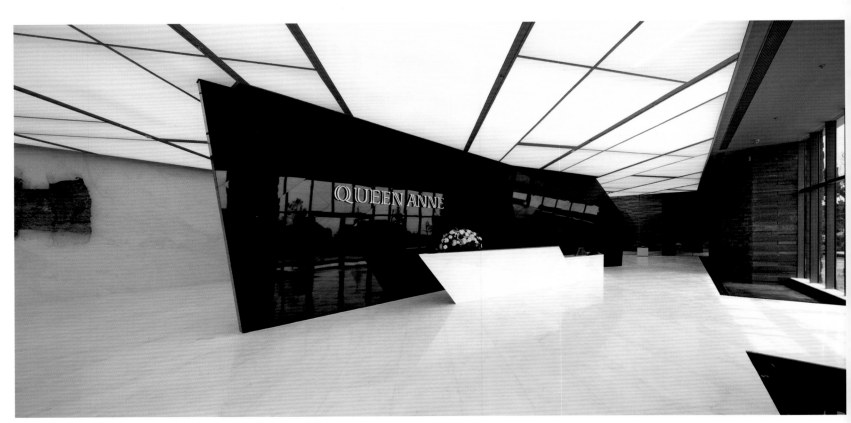

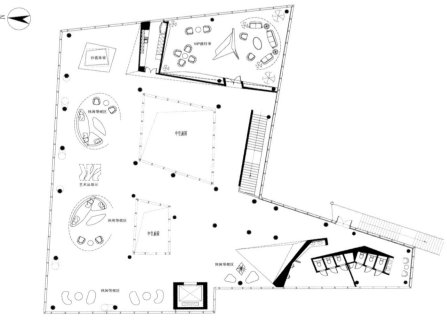

平面布置图

主案设计：
林宪政 Lin Xianzheng
博客：
http:// 818848.china-designer.com
公司：
大勻国际空间设计
职位：
设计总监

项目：
台北 西门红楼更新设计
台北 淡水红楼保护建筑改建设计
上海 晶采四季办公楼
上海 明园小安桥
三亚 半山半岛
郑州 普罗旺世项目
宁波 风格城事售楼处

杭州 雅戈尔[The life museum]

海南三亚半岛蓝湾接待会所
Sanya Peninsula Lanwan Reception Club

A 项目定位 Design Proposition
建筑概念为一艘撑起白帆在海中遨游的船，外立面由白色张拉膜撑起做桅杆，端部的水体呈深邃的碗状，与之连接的开放式vip用木百叶制造亲水平台，犹如船头舢板。真正室内的空间则更像是豪华游艇。

B 环境风格 Creativity & Aesthetics
运用大量的飘檐，达到充足的遮阳效果，从物理与空间关系的结合出发，达到"足够阴凉、减少空调使用"的目标。

C 空间布局 Space Planning
地面层1F布置以影音室、模拟样板房；2F为开放式vip洽谈区、天井式中廊将喧闹的销售区隔开，而建筑最深处，玉石背景前坠着银箔大吊灯，将整个吧台区营造了华丽、却不失休闲气氛。

D 设计选材 Materials & Cost Effectiveness
地面用黑色小陶砖铺成人字形，手工、自然的调性；与墙面七彩玉石强烈的纹理、饱含光泽的华丽，形成对话与反差，使各自的特性更明显。整体白色线板的壁板也更突出了玉石的主题墙。

E 使用效果 Fidelity to Client
建筑照明强调的是整体外轮廓，波浪形的木格栅、白色的张拉膜，以及巨型碗状的水池；室内则由玉石后散发处的柔和却华丽的光线做背景，配以香槟色金属吊灯营造梦幻、华丽的氛围。从2F拾阶而上，行至高点是深邃的无边际水池。转入中廊后，左右两侧分别是独立的开放式vip区和销售洽谈区。在洽谈区后方有楼梯向下进入多媒体影音室，整体介绍项目内容，最后端的是精装修样板房。

Project Name_
Sanya Peninsula Lanwan Reception Club
Chief Designer_
Lin Xianzheng
Location_
Sanya Hainan
Project Area_
940sqm
Cost_
1500,000RMB

项目名称_
海南三亚半岛蓝湾接待会所
主案设计_
林宪政
项目地点_
海南 三亚
项目面积_
940平方米
投资金额_
150万元

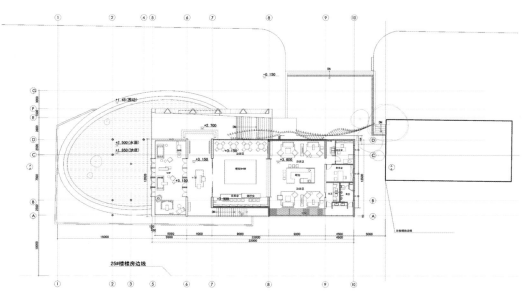

一层平面布置图

主案设计：
福田裕理 Futian Yuli
博客：
http:// 729728.china-designer.com
公司：
上海可续建筑咨询有限公司
职位：
设计总监

职称：
高级室内设计师
项目：
上海世博会台北案例馆
南京翠屏国际金融中心售楼处
上海世博会大阪案例馆
上海X2创意空间

徐汇远雄徐汇园顶级豪宅售楼处
Xuhui FG - Xuhuiyuan Top Luxury Sales Office

A 项目定位 Design Proposition
黑色铸铁框架衬托米黄色透光云石所组成的玻璃拱，古典欧风跨越二百年时空来到了现代！坐落于上海徐汇区斜土路的远雄徐汇园顶级住宅楼盘，售楼处中最大的亮点就是三进的玻璃拱设计。

B 环境风格 Creativity & Aesthetics
设计师提出了将古典欧式的"飞扶壁"元素，以现代的铸铁和透光云石来重新诠释，成功地将古典欧式风格蜕变进化，而售楼处作为楼盘的橱窗，延续了会所的设计理念。

C 空间布局 Space Planning
从平面构成来看，一层的上半部是主要的展示空间，下半部是开放式洽谈区，二层为私密洽谈区及业主行政办公区。

D 设计选材 Materials & Cost Effectiveness
随着参观动线顺势前进，来到玻璃拱内部展示区的首站，方正气派的区域模型台正对着壁面上的区位图，模型台面料是和前台同样的鳄鱼皮饰面，皮饰的机理感展现的是触手可及的高贵，围绕模型地面是黄铜马赛克拼花，一切都为契合该案所诉求的低调奢华感。

E 使用效果 Fidelity to Client
效果很好，得到业主的肯定。

Project Name_
Xuhui FG - Xuhuiyuan Top Luxury Sales Office
Chief Designer_
Futian Yuli
Location_
Xuhui District Shanghai
Project Area_
650sqm
Cost_
2000,000RMB

项目名称_
徐汇远雄徐汇园顶级豪宅售楼处
主案设计_
福田裕理
项目地点_
上海 徐汇
项目面积_
650平方米
投资金额_
200万元

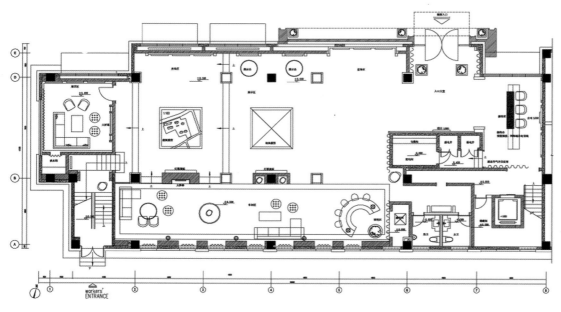

一层平面布置图

主案设计：
马晓星 Ma Xiaoxing
博客：
http://477556.china-designer.com
公司：
苏州金螳螂建筑装饰股份有限公司
职位：
副总设计师

职称：
第九设计院院长
中国室内设计师协会会员
高级室内建筑师
2007年江苏省五一创新能手（江苏省总工会）
全国有成就资深室内建筑师
中国建筑学会室内设计分会江苏省学会理事
苏州市勘察设计评标专家库专家

南通莱茵藏珑／莱茵河畔销售中心
Nantong Rhein Canglong / Rhein Sales Center

A 项目定位 Design Proposition
将古典的欧式风格加入现代的材质，这既是时代的要求，也在情理之中。

B 环境风格 Creativity & Aesthetics
设计中以丰满的姿态展示一个人性关怀极强的空间。捕捉欧式定义中的风格特色，创造有个性、有冲击力的设计方案是本案设计的焦点。

C 空间布局 Space Planning
塑造别样的空间感受。矜贵的欧式情怀空间用写意的手法融入文化，营造一份奢华、内敛又不失品位的艺术风韵。

D 设计选材 Materials & Cost Effectiveness
加入新古典主义的意蕴，提炼古典样式的符号——地面的拼花、顶面的吊灯、墙面的造型以及家具的款式甚至是摆放的艺术品成为空间的重要元素，无一例外的强调了对古典是时代诠释。

E 使用效果 Fidelity to Client
业主及同行评价很好。

Project Name_
Nantong Rhein Canglong / Rhein Sales Center
Chief Designer_
Ma Xiaoxing
Participate Designer_
Wen Xinying
Location_
Nantong Jiangsu
Project Area_
700sqm
Cost_
800,000RMB

项目名称_
南通莱茵藏珑/莱茵河畔销售中心
主案设计_
马晓星
参与设计师_
文信勇
项目地点_
江苏 南通
项目面积_
700平方米
投资金额_
80万元

一层平面布置图

主案设计:
张晓莹 Zhang Xiaoying
博客:
http://149174.china-designer.com
公司:
成都多维设计事务所
职位:
设计总监

项目:
金沙西周样板房
世纪金沙
白玫瑰印象

成都优品尚东售楼部
Chengdu Youpin Shangdong Sales Department

A 项目定位 Design Proposition
优品尚东是一个现代的楼盘。

B 环境风格 Creativity & Aesthetics
本案力图掌握楼盘本身的时尚气息。

C 空间布局 Space Planning
用干净简单的方法处理空间,在视觉焦点——吊灯的处理上,灵感来源于成都本地家喻户晓的浣花历史典故传说《唐代浣花夫人》的故事,流动的花影和凝重的花瓣在空中飘逸展开。

D 设计选材 Materials & Cost Effectiveness
基材选用低碳低污染的环保材料,材料的使用和控制上达到环保节能的目的。

E 使用效果 Fidelity to Client
业主满意。

Project Name_
Chengdu Youpin Shangdong Sales Department
Chief Designer_
Zhang Xiaoying
Participate Designer_
Fan Bin , Lv Dan
Location_
Chengdu Sichuan
Project Area_
850sqm
Cost_
300,000RMB

项目名称_
成都优品尚东售楼部
主案设计_
张晓莹
参与设计师_
范斌、吕丹
项目地点_
四川 成都
项目面积_
850平方米
投资金额_
30万元

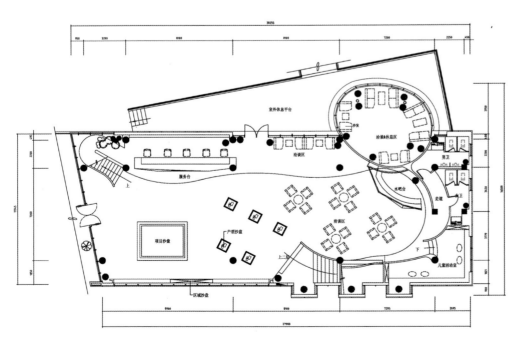

平面布置图

主案设计：
区伟勤 Ou Weiqin
博客：
http://500807.china-designer.com
公司：
广州市韦格斯杨设计有限公司
职位：
执行董事、总经理

奖项：
荣获2011年度广州建筑装饰行业协会"杰出建筑装饰设计师"
荣获第四届广州建筑装饰设计大赛-会展空间"美穗GRC杯"优秀奖
荣获第四届广州建筑装饰设计大赛-住宅空间"靓家居杯"优秀奖

项目：
江西南昌红谷置业红谷天地办公室
武汉拉菲中央首席官邸A
新塘尚东阳光销售中心
珠海中信湾6-1-01
湖南长沙佳兆业水岸新都售楼部
彩色中国60年（上海、成都站巡展）
清华科技园广州创新基地A1栋研发楼

广州新塘尚东阳光销售中心
Shangdong Sunshine Sales Center

A 项目定位 Design Proposition
本设计的意念来自于整体楼盘的欧式风格延伸和对30～35岁事业有初成的主要客户人群对高端品质生活的企望。

B 环境风格 Creativity & Aesthetics
利用现代简约的手法体现出微欧式的生活的氛围。

C 空间布局 Space Planning
售楼中心位置于楼盘群楼的首层，为延续建筑外立面的法式设计，售楼中心内主要采用粗面的白色大理石材作主要的墙面，利用凹凸而不规则的拼筑方式加上直线条的投射灯光令墙体更具有戏剧性和欧洲室内的生活气息。

D 设计选材 Materials & Cost Effectiveness
在弧线造型墙的中央出入口正对的位置设置了楼盘的展示模型台，模型台使用大纹理的透光石材更显贵气，而模型台的主幅为大面积的黑镜面，镜面上运用艺术手法以线性的形式绘画出阳光的寓意。在通道空间延伸大堂的石材做法，穿插了不规则的条不锈钢和黑镜面装饰墙面更显时尚感，门面使用交错的木饰面凹缝体现出细节感。

E 使用效果 Fidelity to Client
销售中心诠释时尚尊贵的高品质生活体现，丝丝入扣的设计细节表达，韵律的配搭，都展现出整个楼盘要为顾客提供高端完善生活的衷心诚意。

Project Name_
Shangdong Sunshine Sales Center
Chief Designer_
Ou Weiqin
Participate Designer_
Chen Xiaohui
Location_
Guangzhou Guangdong
Project Area_
325sqm
Cost_
1300,000RMB

项目名称_
广州新塘尚东阳光销售中心
主案设计_
区伟勤
参与设计师_
陈晓晖
项目地点_
广东 广州
项目面积_
325 平方米
投资金额_
130万元

主案设计：
詹志江 Zhan Zhijiang
博客：
http:// 168567.china-designer.com
公司：
中山宝匣装饰（香港）设计有限公司
职位：
设计总监

项目：
中山豪逸御华庭样板房、售楼中心、会所、
电梯大堂、墙裙等
唐龙服饰中山办公楼
高明杨梅私家果园别墅
中山国文商标办公楼
南海星宇律师楼
南海醉廷坊酒楼1-4层
南海中南海晖园样板房
中山电视台软装设计(方案)

逸·悦会售楼会所

Yi · Yuehui Sales Club

A 项目定位 Design Proposition
前期策划突出楼盘的整体定位为：豪华，品味，科技，自然材料，节能环保。

B 环境风格 Creativity & Aesthetics
中式新古典"意境"及欧式新古典"豪华大气"的完美结合。

C 空间布局 Space Planning
在空间布局上运用了经典的围合式规划设计，让空间更加有"序"；天井"倒影"池的设计，把室内空间与室外自然环境巧妙的融为一体；白天让室内空间得到充足的自然光源以及空间的延续效果，而自然光源的充分运用，使室内节能系统设计更加的合理，让室内的光影更加的丰富更具活力。

D 设计选材 Materials & Cost Effectiveness
考究的自然光与灯光的设计、材质面料的选用以及对空间色调的把握,都能体现空间运用的灵动性。

E 使用效果 Fidelity to Client
全城最有档次的售楼会所之一；当"灯火阑珊"时，便成为全城举行私人聚会的最佳场所之一。

Project Name_
Yi · Yuehui Sales Club
Chief Designer_
Zhan Zhijiang
Participate Designer_
KEN
Location_
Guangzhou Guangdong
Project Area_
1500sqm
Cost_
6800,000RMB

项目名称_
逸·悦会售楼会所
主案设计_
詹志江
参与设计师_
KEN
项目地点_
广东 广州
项目面积_
1500平方米
投资金额_
680万元

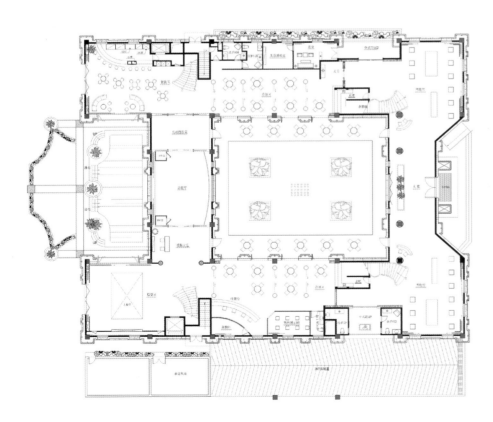

平面布置图

主案设计：
刘豊华 Liu Fenghua
博客：
http://271702.china-designer.com
公司：
中国美术学院风景建筑设计研究院
职位：
设计所所长

奖项：
全国杰出中青年室内设计师
获得2009年度浙江省建设工程优秀装饰设计
二等奖
获得2009年度浙江省建设工程优秀装饰设计
一等奖
获得2010年中国建筑装饰优秀工程设计奖

项目：
浙江省节能实业发展有限公司办公室装饰工程
杭州吴山会馆装饰工程
太子湾会所
苏州国际科技大厦室内设计

杭州上林湖会所售楼处
Hangzhou Shanglinhu Sales Offices

A 项目定位 Design Proposition
新古典主义风格是经过改良的古典主义风格，新古典风格从简单到繁杂，从整体到局部，精雕细琢镶花刻金都给人一丝不苟的印象，同时又摒弃了过于复杂的肌理和装饰，简化了线条。

B 环境风格 Creativity & Aesthetics
览尽所有设计思想，所有设计风格，都是对于生活的一种态度，无论是家具还是配饰均以有优雅、唯美的姿态，平和而富有内涵的气韵。

C 空间布局 Space Planning
从顶面的木饰面造型，金色粉漆的造型，到墙面的木饰面造型，改变过的通往室外的门窗套造型，到地面的大理石拼花，都经过反复的考究。每一个线条的刻画，每一种颜色，材质的比较，每一组家具，每一件饰品和灯具的选用，无不倾注着设计的心血，都是精心的细琢之作。

D 设计选材 Materials & Cost Effectiveness
会所置身于风景幽雅的环境中，清风拂动，亲吻着大自然最甜美、最纯正的气息，沿着蜿蜒的小径，让我们一起去领略一号会所带给我们的独具特色的韵文。在外立面的设计中，改变了原有的形态，以线条为元素，通过线条的凹凸起伏地变化，黑金沙石材与灰色石材的对比、搭配的设计手法，无论是材料的运用，还是点线面设计语言的运用，无不彰显出入口的大气与精致特色。

E 使用效果 Fidelity to Client
整体奢华，能体现来访客户的尊贵。

Project Name_
Hangzhou Shanglinhu Sales Offices
Chief Designer_
Liu Fenghua
Location_
Hangzhou Zhejian
Project Area_
1600sqm
Cost_
8,000,000RMB

项目名称_
杭州上林湖会所售楼处
主案设计_
刘豊华
项目地点_
浙江 杭州
项目面积_
1600平方米
投资金额_
800万元

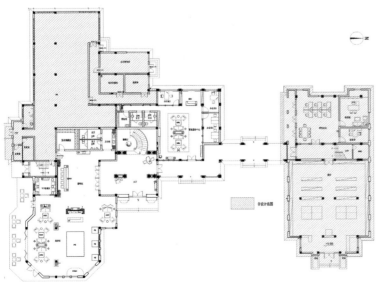

一层平面布置图

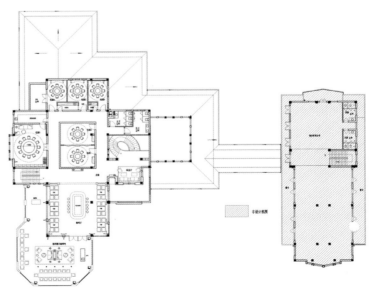

二层平面布置图

主案设计：
殷艳明 Yin Yanming
博客：
http://822417.china-designer.com
公司：
深圳市创域艺术设计有限公司
职位：
设计总监

奖项：
2011年荣膺第11届中国饭店金马奖中国十佳酒店设计机构殊荣
2010第五届海峡两岸四地室内设计大赛深圳赛区商业建筑空间金奖
2010年荣膺2010-2011年INTERIOR DESIGN CHINA中国室内设计师年度封面人物
2010年编著设计专辑《设计的日与夜》由大连理工大学出版社出版
2009年荣膺年度中国饭店业设计装饰大赛——金堂奖中国十大酒店空间设计师荣誉称号
2008年荣膺"三十年30人中国室内设计推动人物"大奖等

成都蓝光和骏47亩售楼中心
Chengdu Languanghejun 47 Acres Sales Center

A 项目定位 Design Proposition
本设计的理念来源于一种对音乐主题的向往和追求，不同的音乐具有不一样的节奏感、不一样的情绪、不一样的韵律。

B 环境风格 Creativity & Aesthetics
原有室内空间相对方正，对于以音乐为主题的设计而言显得过于稳重和规整。设计师以建筑空间的手法入手，通过加层、斜向及体块关系的变化，使空间产生了一种韵律的变化，天花处理以形体不规则的切割寓意阳光透过树荫洒满大地，天空中有气泡漂浮，归巢的鸟儿在自由飞翔……纯净干净的高调空间里，"绿色音乐社区"的主题概念以抽象的手法得以呈现。

C 空间布局 Space Planning
异形块面布局和动线组合，使空间整体从平淡变得灵活起来。在一层空间里以大沙盘为中心向两边发散，洽谈区是一个独立的椭圆造型区，结合地面材质的分割和墙面造型的引导，将整个空间巧妙的串连在一起，使整个空间仿佛随着音乐在跳舞，看上去像一个音乐的盒子，通过材质、色彩与造型的巧妙运用，营造出轻松、活泼、流畅而又充满魅力的时空感受。二层悬挑的展示厅是本案的设计亮点，倾斜的玻璃隔墙动感新奇，墙面造型的变化配合整体风格。

D 设计选材 Materials & Cost Effectiveness
"房子里的房子，空间里的空间"，好的室内设计是从建筑空间里生长出来的，是建筑价值的挖掘和提升。

E 使用效果 Fidelity to Client
整体设计张弛有度，把人对自然的美好愿望和音乐旋律巧妙结合在一起，由于造价受限，本案用最普通的材质通过体块穿插的手法去营造意境，简洁、内涵丰富，充满活力和张力，这是一个年轻而又充满生命力的音乐社区。

Project Name_
Chengdu Languanghejun 47 Acres Sales Center
Chief Designer_
Yin Yanhong
Participate Designer_
Shen Lei
Location_
Chengdu Sichuan
Project Area_
500sqm
Cost_
1200,000RMB

项目名称_
成都蓝光和骏47亩售楼中心
主案设计_
殷艳明
参与设计师_
沈磊
项目地点_
四川 成都
项目面积_
500平方米
投资金额_
120万元

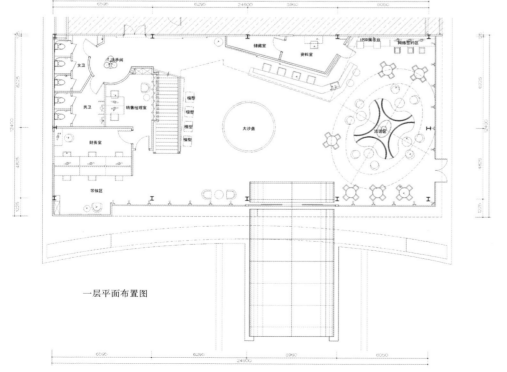

一层平面布置图

主案设计：
马辉 Ma Hui
博客：
http://280491.china-designer.com
公司：
杭州易和室内设计有限公司
职位：
设计总监

奖项：
全国杰出中青年室内建筑师
中国室内设计二十年杰出设计师
2009年度中国百杰室内设计师
2009年度杭州十大室内设计师
2008年度中国室内设计精英
项目：
绿城台州玫瑰园法式排屋样板房会所

绿城宁波桂花园样板房及售楼中心
绿城嘉汇湖畔居样板房及会所
绿城宁波绿园健身会所
宁波城投维拉小镇样板房及售楼处
宁波城投置业月湖盛园VIP会所
苏州中新置地荣域样板房
镇江一泉宾馆接待会所
绿城宁波绿园健身会所

杭州远洋大河宸章宸品会
Hangzhou Ocean River - Chenzhang Chenpin Club

A 项目定位 Design Proposition
大河宸章是远洋地产开发的全精装运河景观豪宅，因此，作为该高端楼盘的VIP客户服务中心，本案要突出其品质和尊贵感，贴合高端消费群的品味，所以设计师把本案的风格定位为低调华贵大气的新中式风格。

B 环境风格 Creativity & Aesthetics
整体空间内撷取了片段的中国传统的古典元素，同时，又融入了一些现代的家具和配饰，从而令这个空间既符合现代的审美需求，又散发出一种独特的人文意味。

C 空间布局 Space Planning
设计师在空间内所营造点点滴滴的自然主义情结，为现代简洁利落的空间注入了东方的气质和跃动的活力，赋予视觉一股动人心的感染力。

D 设计选材 Materials & Cost Effectiveness
设计师选用了铜、仿旧铜、仿旧黄铜等材料点缀了空间，怀旧的金属质感和色泽，凸显低调的奢华。

E 使用效果 Fidelity to Client
自开放以来，该会所接待了众多高端客户以及媒体同行，受到一致好评。

Project Name_
Hangzhou Ocean River - Chenzhang Chenpin Club
Chief Designer_
Ma Hui
Participate Designer_
Li Li
Location_
Hangzhou Zhejian
Project Area_
407sqm
Cost_
3500,000RMB

项目名称_
杭州远洋大河宸章宸品会
主案设计_
马辉
参与设计师_
李丽
项目地点_
浙江 杭州
项目面积_
407平方米
投资金额_
350万元

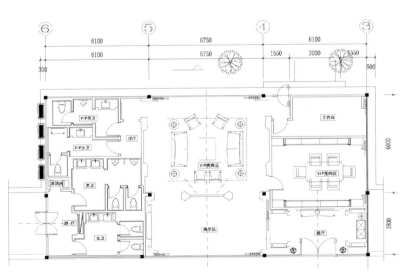

接待区平面布置图

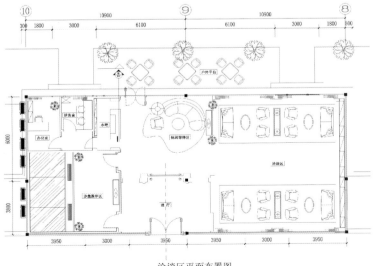

洽谈区平面布置图

主案设计：
朱晓鸣 Zhu Xiaoming
博客：
http://468252.china-designer.com
公司：
杭州意内雅建筑装饰设计有限公司
职位：
执行董事、创意总监

职称：
高级室内建筑师
项目：
IN LOFT 办公空间设计
富阳银泰乐K量贩KTV
麦浪量贩KTV
IN BASE 3 CLUB
乐清玛得利餐厅

中雁风景区岭尚汇
玛歌酒窖&私人会所
西湖花港观鱼景区众悦汇
风景蝶院售楼中心
美丽态度STUDIO
EAC欧美中心正佳集团总部
环球中心美欣达集团总部
宾得利商务精品酒店

杭州西溪MOHO售楼处
Hangzhou Xixi MOHO Sales Center

A 项目定位 Design Proposition

本案展售中心的楼盘，针对的是80后左右从事创意产业为主的时尚群体，结合本案项目所在地空间较为局促等几个方面综合考虑，没有刻意，如何在小场景中创造大印象，如何跳脱房产销售行业同质化令人紧张的交易现场，如何创造一种氛围更容易催化年轻群体的购房欲望，所以就把"她"定位在纯粹、略带童真，甚至添加了几许现代艺术咖啡馆的气氛，做为切入点。

B 环境风格 Creativity & Aesthetics

整体的空间采用了极简的双弧线设计，有效地割划了展示区以及内部办公区，模糊化了沙盘区、接洽区和多媒体展示区，使其融合在一起。

C 空间布局 Space Planning

空间色彩大面积采用纯净的白色，适当点缀LOGO红色，吻合该项目的视觉形象。

D 设计选材 Materials & Cost Effectiveness

智能感应投影幕的取巧设置，树灯地陈列，还有开放的自由的水吧阅读区，综合传递给每位来访者。

E 使用效果 Fidelity to Client

轻松而又自由，愉快而又舒畅，畅想而又提前体验优雅小资的未来生活。这也完美表达了MOHO品牌的内在含义：比你想象的更多。

Project Name_
Hangzhou Xixi MOHO Sales Center
Chief Designer_
Zhu Xiaoming
Participate Designer_
Zeng Wenfeng , Gao Liyong , Zhao Xiaohang
Location_
Hangzhou Zhejiang
Project Area_
210sqm
Cost_
800,000RMB

项目名称_
杭州西溪MOHO售楼处
主案设计_
朱晓鸣
参与设计师_
曾文峰、高力勇、赵肖杭
项目地点_
浙江 杭州
项目面积_
210平方米
投资金额_
80万元

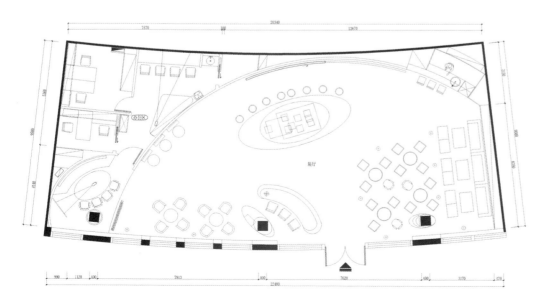

平面布置图

主案设计：
李泷 Li Long
博客：
http://823527.china-designer.com
公司：
厦门宽品设计顾问有限公司
职位：
设计总监

奖项：
　佳科集团（中国）总部作品获福建首届艺术
设计大赛佳作奖
　冠豸山温泉度假酒店作品获IAI亚太室内设计
精英邀请赛佳作奖
　观音山国际商务营运中心作品获IAI亚太室内
设计精英邀请赛银奖

项目：
北京山水文园会所
福建连城冠豸山温泉度假酒店
鼓浪屿那宅精品酒店
鼓浪屿海洋饼干精品酒店
厦门八方馔养生餐厅
中国石化泉州总部大楼
沙特阿美石油公司中国代表处

长沙优山美地接待中心
Changsha Yosemite Customer Center

A 项目定位 Design Proposition

本案的重点意在展示项目所倡导的生活方式，以唯美的意境激发受众的期待，从而促进项目的推广与销售。

B 环境风格 Creativity & Aesthetics

项目建筑结构的局限性是设计初期最大的挑战，如何在凌乱的结构体中构筑空间的秩序和气势是方案的设计重点。经过精心规划后的空间呈对称格局，原建筑中心的庞大结构柱被围合成空间的视觉焦点，以圆润的椭圆造型呈现，近5米高的体量营造非凡气势，并以其特有的流畅性组织各个功能空间的相应关系。

C 空间布局 Space Planning

柔和与明亮的米白色系是空间贯穿始终的主色调，统一和谐的材质搭配营造项目精致典雅的高品位形象。流畅而具趣味感的空间规划，亲切而优雅的环境塑造，淡化了项目的商业氛围，促进愉快而轻松的交流，充分的展示出项目本身内在的气质与品位。

D 设计选材 Materials & Cost Effectiveness

设计师在定位中试图通过简洁、温馨的设计语言来寻找和陈述设计的本源，捕捉空间的情绪。本案运用通透纯净的材质及简约明快的造型手法赋予空间理想主义的色彩，在商业与艺术之间找到了平衡点，在业主与项目之间找到了心里共鸣。

E 使用效果 Fidelity to Client

投入使用后，效果很理想。

Project Name_
Changsha Yosemite Customer Center
Chief Designer_
Li Long
Participate Designer_
Zhang Jian , Xu Jiangbin
Location_
Changsha Hunan
Project Area_
800sqm
Cost_
2,000,000 RMB

项目名称_
长沙优山美地接待中心
主案设计_
李泷
参与设计师_
张坚、许江滨
项目地点_
湖南 长沙
项目面积_
800平方米
投资金额_
200万元

主案设计:
杨家瑀 Yang Jiayu
博客:
http://823601.china-designer.com
公司:
KLID达观国际建筑室内设计事务所
职位:
设计总监

ORAGAMI—折纸
ORAGAMI - Origami

A 项目定位 Design Proposition
本案是一个旧建筑再利用,是把原有的1、 2层楼的商铺保留其楼板和结构柱,把外墙及窗户全部敲掉,重新包装打造的项目。

B 环境风格 Creativity & Aesthetics
所以本案从建筑外立面到室内是同时,也是一个整体的概念设计,是以(折纸艺术)为一个整体设计的概念。

C 空间布局 Space Planning
在原有建筑的结构下往外扩建,用(折纸)的形体作一个皮层,把旧建筑物包裹起来,所以完全看不出是一个旧建筑的改造,就像是一个全新的建筑物。

D 设计选材 Materials & Cost Effectiveness
整个外形到室内都是用不规则的面(折纸)去形成我们的空间,从墙面到顶面到外立面形成一个整体。

E 使用效果 Fidelity to Client
投入使用后效果很理想。

Project Name_
ORAGAMI - Origami
Chief Designer_
Yang Jiayu
Participate Designer_
Ling Zida
Location_
Xiamen Fujian
Project Area_
600sqm
Cost_
2,800,000RMB

项目名称_
ORAGAMI-折纸
主案设计_
杨家瑀
参与设计师_
凌子达
项目地点_
福建 厦门
项目面积_
600平方米
投资金额_
280万元

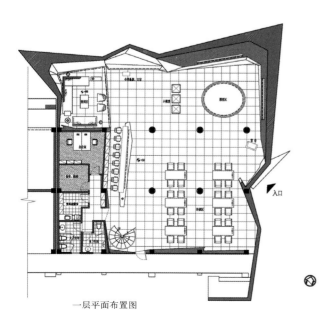

一层平面布置图

主案设计：
凌子达 Ling Zida
博客：
http://823639.china-designer.com
公司：
KLID达观国际建筑室内设计事务所
职位：
设计总监

奖项：
2011年获 "2011金座杯上海国际室内设计节精品展"
2011年获 "金指环2009全球室内设计大奖"
2011年获 "金指环2009全球室内设计大奖"
2011年获 "金指环2009全球室内设计大奖"
2011年获 "金指环2009全球室内设计大奖"
2011年获 "金指环2009全球室内设计大奖"

2011年 获 "金指环2009全球室内设计大奖"
2010年 获 " 32 nd Annual Interiors Awards of American" 餐饮空间类奖
项目：
台湾项目：天池、天母使馆、国家艺术馆等
香港项目：香港毕架山别墅等
上海项目：格林世界二期、新华别墅、莱茵郡别墅样板房
北京项目：东山墅别墅、马驹桥样本样板房D-F

Geometry Space
Geometry Space

A 项目定位 Design Proposition

本项目是位于上海市郊区的[SAC北竿山国际艺术中心]的别墅项目，小区中有艺术中心，可提供许多的文艺活动、别墅可办公或是工作室或是住宅。

B 环境风格 Creativity & Aesthetics

小区景观中心有一个很大的湖面，本样板房项目是直接临湖的。 而建筑的最大特色是室内空间没有任何一根柱子，因此它给与室内空间设计最大的可变性与创造性 。

C 空间布局 Space Planning

室内格局自由的塑造，也正因为空间的自由、可变，所以室内设计的手法更是以多变、可自由延伸的几何形来塑造室内空间，也符合【艺术中心】追求创造性的理念。

D 设计选材 Materials & Cost Effectiveness

室内空间中是以错层式的结构，中间是主楼梯。

E 使用效果 Fidelity to Client

左右两边每层为相互错层，所以在室内中共有五支不同的楼梯区连接空间。

Project Name_
Geometry Space
Chief Designer_
Ling Zida
Participate Designer_
Yang Jiayu
Location_
Huangpu District Shanghai
Project Area_
880sqm
Cost_
4800,000RMB

项目名称_
Geometry Space
主案设计_
凌子达
参与设计师_
杨家瑀
项目地点_
上海 黄浦
项目面积_
880平方米
投资金额_
480万元

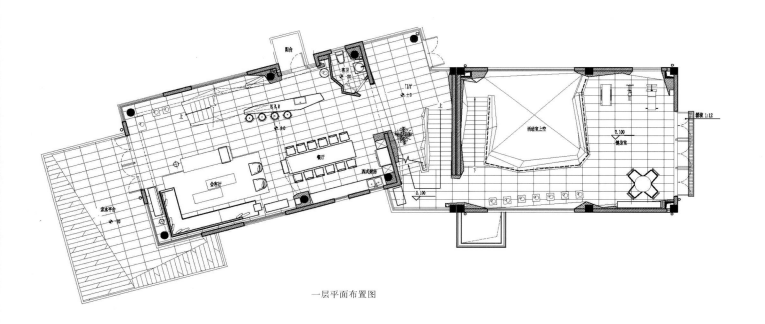

一层平面布置图

JINTANGPRIZE金堂奖
2011 中国室内设计年度评选
CHINA INTERIOR DESIGN AWARDS 2011

GOOD DESIGN
OF THE YEAR
OFFICE
年度优秀
办公空间

主案设计：
林槐波 Lin Huaibo
博客：
http:// 468252.china-designer.com
公司：
林槐波室内设计有限公司
职位：
设计总监

林槐波室内设计有限公司
Lin Huaibo Interior Design Co., Ltd.

A 项目定位 Design Proposition
奢华与宁静，以奢华的手法营造宁静的氛围。

B 环境风格 Creativity & Aesthetics
以另一种表现手法诠释出一种斩新的办公理念。让奢华与宁静不再矛盾；让宁静更富有激情。

C 空间布局 Space Planning
功能划分合理，以人为本。

D 设计选材 Materials & Cost Effectiveness
大块面的不同材质结合，干净利落。

E 使用效果 Fidelity to Client
作品具有一定的震撼力、生命力。

Project Name_
Lin Huaibo Interior Design Co., Ltd.
Chief Designer_
Lin Huaibo
Location_
Shantou Guangdong
Project Area_
265sqm
Cost_
650,000RMB

项目名称_
林槐波室内设计有限公司
主案设计_
林槐波
项目地点_
广东 汕头
项目面积_
265平方米
投资金额_
65万元

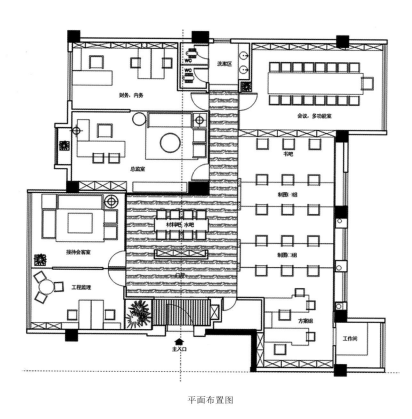

平面布置图

主案设计:
姬赟 Ji Bin
博客:
http:// 158863.china-designer.com
公司:
闳约国际设计
职位:
设计总监

奖项:
2009年闳约国际设计设计总监姬赟先生作品《2008》荣获"中国室内空间环境艺术设计大赛一等奖"

2011年闳约国际设计总部分别荣获上海金外滩奖办公空间唯一金奖以及金指环iC@ward全球设计大奖 全球设计大赛办公空间设计组唯一金奖

项目:
坚固柔情
这个房子不太冷
LOFT风格《闳约》

闳约国际设计总部
Hongyue International Design Headquarters

A 项目定位 Design Proposition

设置厚达400毫米由地到顶高达7米的玄关墙,颇有些高山仰止的气势,并将公司设计师宣言置于墙上,让每一个进入到这个空间的人从内心深处产生出莫名的神圣感,体现出一个设计公司对于设计这个职业的使命感和责任感。而且客户来到公司也可随心挑选喜爱的主材产品及配饰产品。

B 环境风格 Creativity & Aesthetics

此空间主色调因选用白色,所以给人一种简单、纯净的感觉,让人第一眼看到就有很清爽、自在的感觉,尤其是设计师的工作区主要由11张长达6米的白色长桌由北向南按序排开,仿佛一马平川的场景,具有强烈的秩序感,形成整体划一的气势。

C 空间布局 Space Planning

因原空间高度高达7米,根据功能需求,分别在该空间的南北两端,新建了二层。满足了使用功能的同时,丰富了空间层次。空间南端因有库房建筑,且窗户较少,致使南侧光线昏暗。通过拆除南侧一间库房,改造成室外花园,并将面对花园的墙体改造成大面积的落地窗户,改善了南侧空间的采光及通风状况。

D 设计选材 Materials & Cost Effectiveness

在选材上使用材料均已两个出发点为主,首先是省钱,其次为环保,所选材料均无国际知名大品牌,使用的材料几乎为半成品较多,因去除不必要的加工工序其环保性能固然增加。

E 使用效果 Fidelity to Client

此类设计办公空间,有效的将与室内设计行业的工作范畴逐一体现,消费者从踏入门厅一刻起,浏览渠道就从业主洽谈品尝区至设计师办公区再到主材、配饰选材区,将其服务流程一气合成,使得消费者很清晰地了解各个区域的经营范围及工作范畴。

Project Name_
Hongyue International Design Headquarters
Chief Designer_
Ji Bin
Location_
Chaoyang District Beijing
Project Area_
2050sqm
Cost_
2,000,000RMB

项目名称_
闳约国际设计总部
主案设计_
姬赟
项目地点_
北京 朝阳
项目面积_
2050平方米
投资金额_
200万元

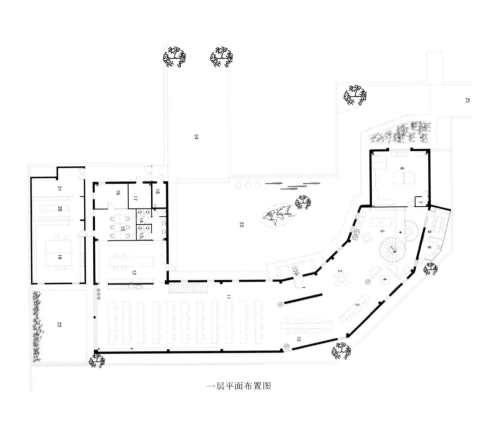

一层平面布置图

主案设计：
张晔 Zhang Ye
博客：
http:// 159104.china-designer.com
公司：
中国建筑设计研究院环境艺术设计研究院
职位：
室内设计研究所所长

项目：
外研社办公楼一期
外研社办公楼二期
泰达开发区建设工程及房地产交易中心
德胜尚城室内设计方案

无锡新区科技交流中心
Wuxi New District S&T Center

A 项目定位 Design Proposition

是新区的一个提供行政服务、文艺演出、会议、展示、培训、交流的平台。提出口号"行政也优雅"，一改往日行政办公陈腐嘈杂为清新优雅。

B 环境风格 Creativity & Aesthetics

营造意境——设计以"水上梅园"为主题，以梅林作为空间装饰的场所主题或者叫故事背景，营造室内的园林意境。白色、木色、彩色的不同节奏的条栅交错掩映，形成林木层叠、交相辉映的"梅园"空间；地面环形纹饰和中庭环形围栏如水中涟漪层层荡开，白色的花瓣由空中片片飘落，整个中庭如倏然凝固的瞬间，宁静安然。

C 空间布局 Space Planning

构建具有"园林"层次的室内空间——设计以"水上梅园"为主题，充分整合建筑内部空间，使之沿环形放射展开，形成清晰的室内园林层次，以下小诗描述了从入口到中庭，经由过渡空间再到具体功能区的层次意境：花径已扫待客来，落英欲点水波开，银花白木千重影，梅林深处常自在。

D 设计选材 Materials & Cost Effectiveness

强调纯净效果的同时，便于在有限的条件下实施——选择铝质、木质条栅为装饰面，大大降低了曲面加工的难度及造价，又形成独特的林和廊掩映的空间效果，完整、纯静、现代又含有东方韵味。铝格栅上定制了两路LED照明灯线，形成反射和自发光的两套不同发光方式。

E 使用效果 Fidelity to Client

业主对空间的意境效果满意，特别是对行政服务大厅的典雅清新效果很喜欢。

Project Name_
Wuxi New District S&T Center
Chief Designer_
Zhang Ye
Participate Designer_
Ji Yan , Sheng Yan , Liu Ye , Rao Mai , Guo Lin , Chen Xi , Liu Junhui , Yan Yi
Location_
Wuxi Jiangsu
Project Area_
30000sqm
Cost_
50,000,000 RMB

项目名称_
无锡新区科技交流中心
主案设计_
张晔
参与设计师_
纪岩、盛燕、刘烨、饶劢、郭林、陈曦、刘钧慧、闫毅
项目地点_
江苏 无锡
项目面积_
30000平方米
投资金额_
5000万元

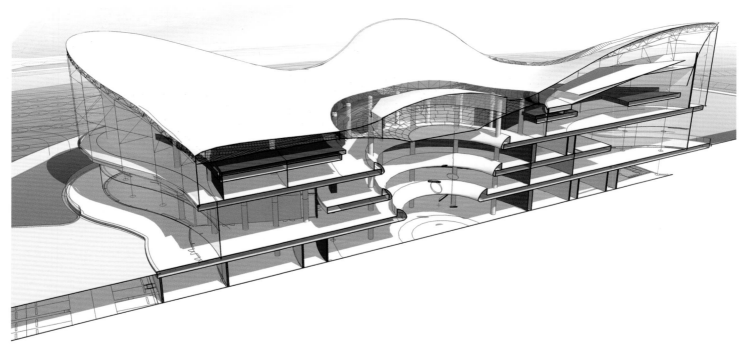

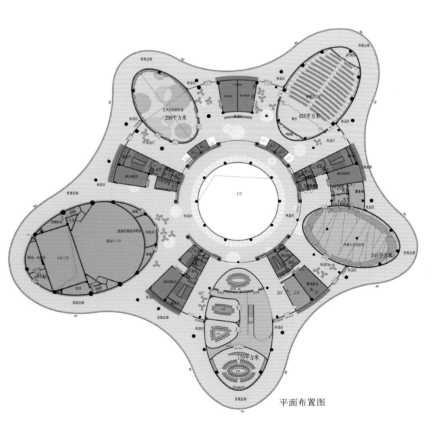

平面布置图

主案设计:
谢智明 Xie Zhiming
博客:
http://221683.china-designer.com
公司:
大木明威社建筑设计有限公司(香港/广州/佛山)
职位:
设计总监

职称:
高级室内设计师
项目:
广东佛山人民广播电台数码直播室
广州市番禺节能科技园番山创业中心
中基（宁波）对外贸易股份有限公司
佛山石油集团有限公司
香港美心集团

JNJ马赛克连锁机构
佛山市新金叶烟草集团有限公司
伊丽莎白美容美体连锁机构
明清风韵家具展厅
佛山市助民担保有限公司办公室
华夏新中源售楼部

广东省助民担保有限公司
Guangdong Zhumin Guarantee Co., Ltd.

A 项目定位 Design Proposition

本案位于城中地带的甲级写字楼，设计的主要目的除了塑造出金融企业的稳重之余，更要体现出企业富有活力和亲和力的企业形象。

B 环境风格 Creativity & Aesthetics

致力打造出一个集文化、稳重、活力、自然于一体的现代化多功能办公室。

C 空间布局 Space Planning

椭圆形的半开放式间段配以明亮的软膜天花与门厅相辉交映，更体现企业的协调统一。波浪式的背景造型让严谨的空间充满了活力，生命力。优雅的弧形天花，光照明亮的落地玻璃，配以自然生态充满活力的草绿色调，由此叠加而成的休闲区与前面工作区的严肃有着明显的落差，体现的是出企业的亲和力。笔直的走廊加上墙身错落有致的线条，给人强烈现代感之余更增强走廊的空间感和导向性，显现出企业的包容力。

D 设计选材 Materials & Cost Effectiveness

古朴厚重的黄色玉石背景墙体现金融企业稳重的气息，透气的天花软膜彰显明亮大气，配以优雅笔触，挥洒当代艺术的文化气息，充分体现企业的活力。以几何构成的半开式空间作为高级经理室与全开放的员工区形成鲜明的色调对比之余，又不失协调美。形意的对比更能展现空间活跃的氛围。大气、干净的经理办公室，搭配时尚简约的现代办公家具，令空间充分显示现代化办公的舒适、自然。

E 使用效果 Fidelity to Client

办公空间现代、舒适且功能性强，业主满意。

Project Name_
Guangdong Zhumin Guarantee Co., Ltd.
Chief Designer_
Xie Zhiming
Participate Designer_
Huo Lvming , Deng Zhuohua , Ye Jinbo
Location_
Foshan Guangdong
Project Area_
1300sqm
Cost_
1,000,000RMB

项目名称_
广东省助民担保有限公司
主案设计_
谢智明
参与设计师_
霍律鸣、邓焯华、叶锦波
项目地点_
广东 佛山
项目面积_
1300平方米
投资金额_
100万元

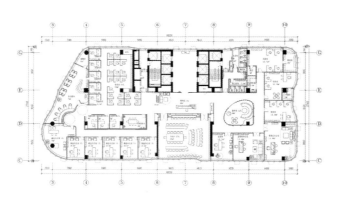

平面布置图

主案设计：
余霖 Yu Lin
博客：
http://ann1236.china-designer.com
公司：
香港东仓集团有限公司
职位：
设计总监

醉观园东仓办公室
Zuiguanyuan Dongcang Office

A 项目定位 Design Proposition
由奢华开始，到奢华结束，做一个奢华的大办公室，面对奢华的客户，做奢华的设计，实现奢华的梦想。

B 环境风格 Creativity & Aesthetics
现代。

C 空间布局 Space Planning
工作对我来说是件简单的事，它严肃，却单纯到只要用心。我有一批老员工，他们和我年少时一样，好动、疯狂、彻底、聪明、爱听音乐，而且，不回家。于是我需要一个容器，用来装载一些时间，以及这些年轻的灵魂，容器要够温和、稳定、自由，要让这些灵魂可以张牙舞爪，可以自由栖息。

D 设计选材 Materials & Cost Effectiveness
容器有许多角落，许多只有光线、植物、家具、书本和音乐的角落。角落不断的在变化，吊灯、台灯、桌椅、绿化、摆设，一切由我们的思维开始，细化、生产、应用。

E 使用效果 Fidelity to Client
角落，容器，一切只为了打造一个极尽奢华的他人思想，我们放弃个性，剥离创意，只为不再喧宾夺主，我们需要给他人建造思维的平台，可以任其放肆的放大、思考。

Project Name_
Zuiguanyuan Dongcang Office
Chief Designer_
Yu Lin
Location_
Guangzhou Guangdong
Project Area_
375sqm
Cost_
750,000RMB

项目名称_
醉观园东仓办公室
主案设计_
余霖
项目地点_
广东 广州
项目面积_
375 平方米
投资金额_
75万元

主案设计：
宋毅 Song Yi
博客：
http://813799.china-designer.com
公司：
上海思域室内设计事务所有限公司
职位：
执行长

奖项：
美国城市土地协会（ULI）"2010亚太区卓越设计大奖"
2010年获选"中国杰出中青年室内建筑师"称号
第六届上海（国际）青年建筑师设计作品竞赛金奖第一名
2010年3月"美克美家杯"室内设计大赛银奖

2009年《INTERIOR DESIGN》 "CHINA TOP 10"
项目：
上海浦东市民中心

上海国际游轮码头商业配套工程
Shanghai International Cruise Terminal in Commercial Facilities

A 项目定位 Design Proposition

Shanghai International Cruise Terminal为北外滩地标性建筑，SPARCH建筑设计咨询有限公司提供了完美的建筑整体规划和室内公共区域设计。使用单位为大型央企航运集团，力求配合打造上海国际航运中心的核心区域。

B 环境风格 Creativity & Aesthetics

兼顾央企特点。

C 空间布局 Space Planning

形式服务于功能。

D 设计选材 Materials & Cost Effectiveness

通风和自然日光功效将被最大化，配合"江水降温系统"以及"光伏电池薄膜"天棚，并辅以繁荣的绿色公共园景，这一项目开发继承和发展了"环保及可持续发展"的理念，在最大程度上降低能耗及运营成本，让我们的客户成为21世纪绿色建筑项目开发的楷模。 室内部分具有极高的智能化环保设计，设备和材料创新使用为建筑带来了创新生命力。

E 使用效果 Fidelity to Client

令人瞩目的地标性特点。

Project Name_
Shanghai International Cruise Terminal in Commercial Facilities
Chief Designer_
Song Yi
Location_
Hongkou District Shanghai
Project Area_
18000sqm
Cost_
30,000,000RMB

项目名称_
上海国际游轮码头商业配套工程
主案设计_
宋毅
项目地点_
上海 虹口
项目面积_
18000平方米
投资金额_
3000万元

主案设计：
刘道华 Liu Daohua
博客：
http://818099 .china-designer.com
公司：
北京市建筑装饰设计院
职位：
七所所长

奖项：
　主持设计的合众人寿项目荣获中国室内大奖赛（2010年）佳作奖
　大董烤鸭店荣登在《id＋C》、《时代空间》美国《室内设计》中文版
　众多设计作品荣登《中国室内设计年鉴》
　荣登《中华建筑报》、《中国建筑新闻网》、《中国室内设计师精英网》等专业媒体

"室内设计师精英访谈"专访
　荣登香港《时代空间》明星设计师专访
项目：
　美克美家国际家具标准店设计
　中国电力投资集团顶层会所
　内蒙古乌兰恰特大剧院
　首都多厅国际影城
　合众人寿办公楼

北京市建筑装饰设计工程有限公司直属二处
Beijing Architecture Decoration Design and Engineerdg Co.,Ltd.

A 项目定位 Design Proposition

办公场所位于北京市朝阳区，建筑面积为1100平方米，由公寓格局改造而成。因为有着强烈地对艺术的创作的冲动，设计师花了数月的时间为公司新址的建设精心地准备着。

B 环境风格 Creativity & Aesthetics

对于大多数办公白领来说，办公室可以作为我们的第二个"家"，对这个"家"，设计师希望她是一个包容的、开放灵活的、追求高品质生活，富有创造性，集聚中国文化内涵的地方。

C 空间布局 Space Planning

空间以白色、灰色、咖色等传统色调作为主色调，于"水墨黑白"间传达清朴的气韵，营造出中国所特有的审慎内敛的个性。平面布局，在处理空间的方法上，内部布局爽朗而紧凑，在虚实起伏之间，构成一个整体。层高较为低矮是又一先天不足的因素，在有实体天花部分，与设备协调，尽一切可能贴近梁底，争取空间的高度。

D 设计选材 Materials & Cost Effectiveness

在材料的选择上，设计师经过精心筛选，最终确定了电梯前厅水曲柳饰面板的纹理与色彩。第二段为电梯前厅进入到相对独立的办公区域的小前厅，更是一个美丽的前奏，这个环境适当的给下一个空间做了心理准备。

E 使用效果 Fidelity to Client

包容性强，开放灵活，富有创造性，集聚中国文化内涵的办公空间，给办白领带来"家"的感受。

Project Name_
Beijing Architecture Decoration Design and Engineerdg Co.,Ltd.
Chief Designer_
Liu Daohua
Participate Designer_
Tang Zhongzhi , Chen Zhentao , Shao Yongqiang
Location_
Chaoyang District Beijing
Project Area_
1100sqm
Cost_
3,000,000RMB

项目名称_
北京市建筑装饰设计工程有限公司直属二处
主案设计_
刘道华
参与设计师_
唐忠志、陈振滔、邵永强
项目地点_
北京 朝阳
项目面积_
1100平方米
投资金额_
300万元

主案设计：
刘可华 Liu Kehua
博客：
http://823432.china-designer.com
公司：
厦门宽品设计顾问有限公司
职位：
设计总监

职位：
IAI亚太建筑师与室内设计师联盟福建分会会员
项目：
京永A&J脚踏车专卖店
CU CLUB
顺天医院外墙
宝荣建设鹿鸣居专案
CANS服装品牌

PARLOR ROOM客厅LOUNGE BAR
CHICAGO牛仔裤专卖店
稻香炖复合式餐饮
皇家国际时尚会馆
龙川日式拉面
淡江大学教学卓越
MODE HAIR 发型设计

创冠集团香港总部
Chuangguan Group Hongkong Headquarters

A 项目定位 Design Proposition

本案的设计重点在于强化企业面向世界的国际化形象，并融合企业文化中以人为本的概念，在空间气质中体现高度的视野及关怀。

B 环境风格 Creativity & Aesthetics

公共空间的简约大气来源于精致材质的大面积铺陈，以及色调对比中所隐含的东方美学。

C 空间布局 Space Planning

因应着企业在办公模式、管理方式及内部组织结构的变化，对空间设计也提出了新的要求。

D 设计选材 Materials & Cost Effectiveness

办公空间是承载着工作其中的人的梦想舞台，需要有充分的沟通和思考的空间。设计中更注重强调其交流规划和舒适度的营造。

E 使用效果 Fidelity to Client

项目所处地香港的地域背景提供了丰富的设计素材和感受，中西结合的文化催生更大的可能性，人际之间不同的相处方式及管理特性也使空间的规划有了全新的面貌。

Project Name_
Chuangguan Group Hongkong Headquarters
Chief Designer_
Liu Kehua
Participate Designer_
Zhang Jian
Location_
Jiulongcheng District Hongkong
Project Area_
1500sqm
Cost_
6,000,000RMB

项目名称_
创冠集团香港总部
主案设计_
刘可华
参与设计师_
张坚
项目地点_
香港 九龙城
项目面积_
1500平方米
投资金额_
600万元

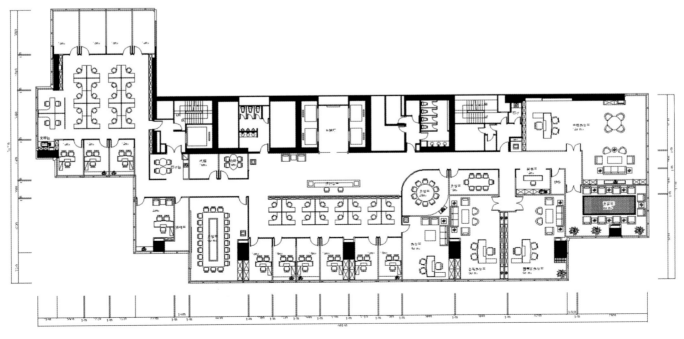

平面布置图

主案设计：
杨克鹏 Yang Kepeng
博客：
http:// 450.china-designer.com
公司：
北京雕琢空间室内设计工作室
职位：
总设计师

职称：
国家注册高级住宅室内设计师
项目：
　公寓室内设计：保利金泉（三套），建设部、黄寺部队大院、蓝调国际、领袖新硅谷、银领国际、万象新天、草桥欣园、瑞丽江畔、远洋山沁水、丽水嘉园、晨月园、绿城阳光茗苑、久居雅园、华侨城、左安漪园、广安门

外122号院、阳光都市、汇成家园、重兴家园、左安漪园、天鸿美域、芳古园、荣丰2008、和谐雅园、新龙城、千鹤家园、和平里de小镇、顶秀清溪、新龙城、天竺园、百子湾、民安小区、丽泽雅苑、嘉美风尚、君安家园、世纪村、国风北京、万科星园
　复式室内设计：首府、万科紫台、龙城花园、京达国际、华悦国际、映天朗苑
　别墅室内设计：王府花园别墅、观堂别墅、山水四合院、加州水郡（三套）

穿越时空
Through Time and Space

A 项目定位 Design Proposition
设计定位在纯粹的设计效果，在纯粹的办公环境里抛却浮躁的心态，踏踏实实做设计。

B 环境风格 Creativity & Aesthetics
营造白色纯粹空间，简约时尚的同时留有历史的味道。

C 空间布局 Space Planning
采用开敞办公，隔断隔而不断，增强了设计作业之间的交流互动。

D 设计选材 Materials & Cost Effectiveness
大胆采用素混凝土，质朴浑厚，自然现代。

E 使用效果 Fidelity to Client
办公效率大大提高，内部沟通大大增强。

Project Name_
Through Time And Space
Chief Designer_
Yang Kepeng
Participate Designer_
Zhang Wenjun
Location_
Chaoyang District Beijing
Project Area_
65sqm
Cost_
80,000RMB

项目名称_
穿越时空
主案设计_
杨克鹏
参与设计师_
张文君
项目地点_
北京 朝阳
项目面积_
65平方米
投资金额_
8万元

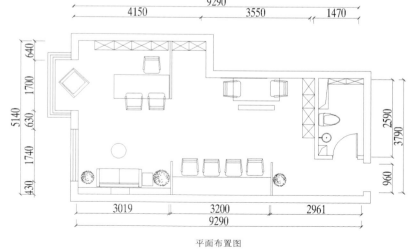

平面布置图

主案设计:
耿波 Geng Bo
博客:
http://24623.china-designer.com
公司:
耿博设计研究室
职位:
合伙人

职称:
中国注册高级室内建筑师
中国注册中级景观设计师
中国注册陈设艺术设计师
中国建筑学会室内设计分会会员
中国室内装饰协会会员
中国陈设艺术委员会会员
湖南设计艺术家协会会员

项目:
匆匆
生活瞬间
乡村住宅
台北小站

框架传媒
Framework Media Office

A 项目定位 Design Proposition
全力打造舒适的办公环境。

B 环境风格 Creativity & Aesthetics
选择清新的设计风格。

C 空间布局 Space Planning
把办公的地方隔开，空间分工明确。

D 设计选材 Materials & Cost Effectiveness
大量运用马赛克瓷砖。

E 使用效果 Fidelity to Client
办公环境舒适。

Project Name_
Framework Media Office
Chief Designer_
Geng Bo
Location_
Changsha Hunan
Project Area_
500sqm
Cost_
200,000RMB

项目名称_
框架传媒
主案设计_
耿波
项目地点_
湖南 长沙
项目面积_
500平方米
投资金额_
20万元

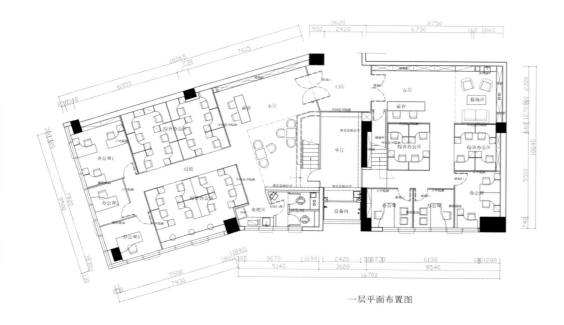

一层平面布置图

主案设计：
耿波 Geng Bo
博客：
http://24623.china-designer.com
公司：
耿博设计研究室
职位：
合伙人

职称：
中国注册高级室内建筑师
中国注册中级景观设计师
中国注册陈设艺术设计师
中国建筑学会室内设计分会会员
中国室内装饰协会会员
中国陈设艺术委员会会员
湖南设计艺术家协会会员

项目：
匆匆
生活瞬间
乡村住宅
台北小站

大班办公室
Daban Office

A 项目定位 Design Proposition

本案位于喧闹繁华城市中心的某设计公司发起了对中国20世纪70~80年代的复古的"低碳畅想"，以"低碳设计"为公司的设计理念。

B 环境风格 Creativity & Aesthetics

想逃离喧闹繁华快节奏的70、80后的设计师们畅想起儿时的生活方式：老式的单位办公桌椅、每天用的搪瓷杯及算盘、永久牌自行车、老式星牌台球桌等等。

C 空间布局 Space Planning

以设计为起点降低设计的空间在制造、储运、使用乃至回收等各个环节的物质和能源的消耗，从而有效地为客户减少投资与使用成本的同时也达到预期的设计效果，从宏观上讲也降低温室气体排放。

D 设计选材 Materials & Cost Effectiveness

设计师从旧货市场及回收站回收了这些废弃的物品，通过再设计及加工同时结合当下国际最前沿家具设计产品，打造了这适合设计师工作生活的空间。

E 使用效果 Fidelity to Client

套用当下最流行的一句话"工作还是娱乐，生活就在这里"，"设计还是低碳，畅想就在这里"。

Project Name_
Daban Office
Chief Designer_
Geng Bo
Location_
Changsha Hunan
Project Area_
150sqm
Cost_
200,000RMB

项目名称_
大班办公室
主案设计_
耿波
项目地点_
湖南 长沙
项目面积_
150平方米
投资金额_
20万元

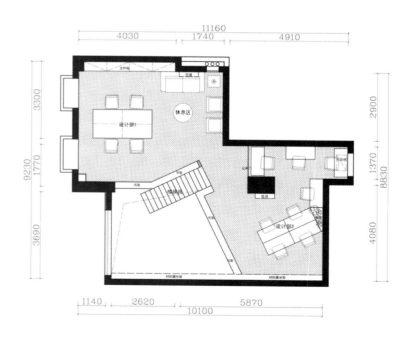

一层平面布置图

二层平面布置图

主案设计：
邵红升 Shao Hongsheng
博客：
http://40437.china-designer.com
公司：
中国建筑上海设计研究院
职位：
创意总监

奖项：
2008年获得北京金融街北丰大厦设计竞赛一等奖
2009年获得"中国最具商业价值室内设计50强"称号
2009年获得九龙山庄杯别墅精英邀请赛"最佳空间整合奖"

项目：
无锡千禧国际大酒店(五星级)加拿大KFS合作
山西锦绣太原大酒店(四星级)室内设计
香格里拉大酒店二期部分改造室内设计(五星级)
青岛麒麟大酒店多功能厅、包房改造(四星级)室内设计
皇冠假日大酒店客房、餐饮部分(五星级)室内设计
申兰集团锦绣会所室内设计
太原金贵国际大酒店室内设计(五星级)

山东功力机械制造有限公司办公楼
Shandong Gongli Machinery Manufacturing Office Building

A 项目定位 Design Proposition

山东淄博功力机械制造有限责任公司系山东省高新技术企业，依其先进和专有的技术设计、特殊和合理的结构设计保证了设备超高的技术性能。

B 环境风格 Creativity & Aesthetics

新办公楼承载着企业形象和企业文化的提升。

C 空间布局 Space Planning

设计者精选提取功力产品中的"方形"作为设计元素，进行加工组合。

D 设计选材 Materials & Cost Effectiveness

穿插于整个建筑和室内设计理念之中，即强调了建筑的主体性同时也使感官上更加整体、现代、简约大气。

E 使用效果 Fidelity to Client

业主非常满意。

Project Name_
Shandong Gongli Machinery Manufacturing Office Building
Chief Designer_
Shao Hongsheng
Participate Designer_
Gong Zedong
Location_
Zibo Shandong
Project Area_
3600sqm
Cost_
30,000,000RMB

项目名称_
山东功力机械制造有限公司办公楼
主案设计_
邵红升
参与设计师_
宫泽栋
项目地点_
山东 淄博
项目面积_
3600平方米
投资金额_
3000万元

主案设计：
王崇明 Wang Chongming
博客：
http:// 67470.china-designer.com
公司：
杭州御王建筑装饰工程有限公司
职位：
董事、设计总监

中国建筑学会室内设计分会最佳室内设计师
项目：
两岸咖啡
两岸铁板烧
品尚豆捞
雅尚豆捞坊
MYRUIE时尚料理餐厅
天目辉煌温泉度假酒店

井冈天园温泉度假酒店
杭州汽车北站小商品市场外立面改造
乌海银行总部大厦整体改造设计
乌海银行鄂尔多斯总行整体设计
翔隆专利事务所办公楼
西溪国家湿地公园
游客服务中心
毛戈平MGPIN化妆品股份公司

浙江翔隆专利事物所总部办公楼
Zhejiang XiangLong Trademark and Patent Office

A 项目定位 Design Proposition
本案设计主题：少即是多。房子位于钱江新城CBD核心区万银国际34楼，与钱塘江、市民中心、万象城仅一路之隔，甲方希望我们以独特的视角设计出能够体现翔隆企业文化和精神的理想办公空间。

B 环境风格 Creativity & Aesthetics
整体空间采用严格的黑色和中性的浅米色，办公室进门大厅和接待区应用自然极简的概念，同时融合理性与感性的元素，激荡出刚柔并济的力道与美学。

C 空间布局 Space Planning
方正工整、动线分明的区块，塑造出商标专利事务所的专业形象。以精致的细节处理、人性化的设计布局来充分阐述翔隆商标专利事务所"品牌、品质、品格"的企业文化精髓。员工办公区开放式的设计和透明的隔断不仅提升了团队精神，也让团队之间的沟通不再有距离。主任室、茶水吧、多功能会议室有着开阔的视野，因观赏到钱塘江潮起潮落而变得生动起来。

D 设计选材 Materials & Cost Effectiveness
硬性的石材对应软性的商业地毯，以适当的比例拼接律动，形成对比，以水平线条的分割对齐，象征企业严谨、执着以求的精神。

E 使用效果 Fidelity to Client
创新、严谨、大气、出跳的企业形象墙很是吸引人眼球，新潮的智能化设计和大胆的家具用色，让整栋大楼的业主都前来膜拜和参观。

Project Name_
Zhejiang XiangLong Trademark and Patent Office
Chief Designer_
Wang Chongming
Participate Designer_
He Qiaoyan
Location_
Hangzhou Zhejiang
Project Area_
650sqm
Cost_
780,000RMB

项目名称_
浙江翔隆专利事务所总部办公楼
主案设计_
王崇明
参与设计师_
何巧艳
项目地点_
浙江 杭州
项目面积_
650平方米
投资金额_
78万元

平面布置图

主案设计：
赵虹 Zhao Hong
博客：
http:// 120785.china-designer.com
公司：
北京筑邦建筑装饰工程有限公司赵虹工作室
职位：
总建筑师

奖项：
英国皇家建筑师协会RIBA DiverseCity国际
竞赛中国站优胜者
IDA亚太区室内设计大奖荣誉奖
中国第五届室内设计双年展 金奖
北京市规划委员会北京市优秀工程设计一等奖
项目：
首都机场T3航站楼免税店

唐山百货大楼
北京金融街丽思卡尔顿酒店与美国HBA合作
四川成都国际网球会议中心锦江酒店
北京建银大厦酒店
北京珠江国际城售楼处会所
北京朝外中国人寿大厦与美国RTKL合作

北京首都机场中国海关大通关办公楼
China Customs Clearance Office(Beijing Capital Machine)

A 项目定位 Design Proposition
项目性质决定了它将是北区标志性建筑，应体现作为国家重要货运口岸的国门形象。口岸行政信息办公大楼暨海关综合楼主要是机场海关、安全局外联办和机场检验检疫局三家驻场单位，在机场区域的行政办公用房，也是每个单位的形象工程。

B 环境风格 Creativity & Aesthetics
富有时代气息，与国际接轨。立于国门第一站，体现中国文化的深厚内涵及博大精深，传达全新的中国职能机构形象。科技化、智能化、环保、节能、可持续发展。

C 空间布局 Space Planning
大气恢宏的形体与构图，浑厚典雅、简洁、方正、现代、流畅。通过形体的组合变化体现时代感。避免繁琐复杂，体现高效率的通关理念。同时造型严谨，对仗工整，以直线条为主，体现各单位机构一丝不苟的工作作风。

D 设计选材 Materials & Cost Effectiveness
大堂电梯厅为石材，选择良好品质，以大气简约的铺砌，显示雄厚的实力、博大的胸怀。普通及领导办公可为地砖、地板，易于清理。也可考虑尼龙6.6块装地毯，其下可结合网络地板。避免办公家具的组合变化带来的电线网络的配合难题，使地面没有突起多余的线槽，适应机构重组调整的需求。

E 使用效果 Fidelity to Client
运营后效果很理想。

Project Name_
China Customs Clearance Office(Beijing Capital Machine)
Chief Designer_
Zhao Hong
Location_
Shunyi District Beijing
Project Area_
90000sqm
Cost_
1500,000,000RMB

项目名称_
北京首都机场中国海关大通关办公楼
主案设计_
赵虹
项目地点_
北京 顺义
项目面积_
90000平方米
投资金额_
15亿元

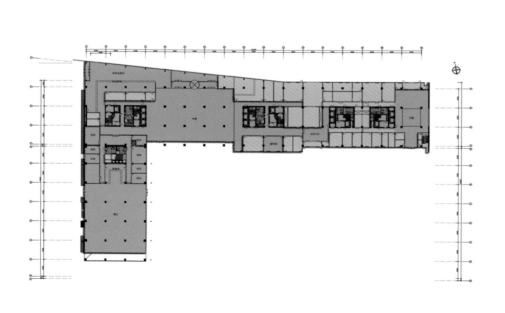

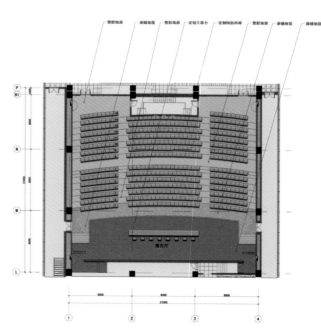

主案设计：
陈颖 Chen Ying
博客：
http://157932.china-designer.com
公司：
深圳秀城设计
职位：
设计总监

奖项：
2010年获"09年度中国设计业光华龙腾十大杰出青年提名奖"
2010年获得 "金堂奖办公类年度十佳作品"、"大中华区最具影响力设计团队" 奖 (The Most Influential Design Institution In Great China)

项目：
华润三九集团企业总部三九医药科技办公楼
深圳南塘旧城改造规划建筑设计
深圳沙头角海山花园小区规划及建筑设计
深圳赛格广场室内外设计
上海浦东发展银行深圳分行
深圳发展银行松岗支行
深圳天马微电子办公楼

年年丰集团办公
Niannian Feng Group Office Building

A 项目定位 Design Proposition
把原有低矮、拥挤的空间升级换代成新颖、宽阔的集团总部办公空间，强调舒适、团队、归属感。

B 环境风格 Creativity & Aesthetics
色调优雅，用料品质上乘。

C 空间布局 Space Planning
把设备空间腾挪到边角位后释放出使用空间，空间流动通透，洗手间宽敞独立，接待区域超大。

D 设计选材 Materials & Cost Effectiveness
国产特色石材以及进口品质环保板材结合，符合环保要求。

E 使用效果 Fidelity to Client
从传统行业升级到集团企业总部，员工的沟通团队合作成了主流，品牌形象因此而大幅度提升。

Project Name_
Niannian Feng Group Office Building
Chief Designer_
Chen Ying
Participate Designer_
Li Sui , Chen Guanghui , Lin Xiaolong , Guo Lihua , Chen Lamei
Location_
Shenzhen Guangzhou
Project Area_
1000sqm
Cost_
1,800,000RMB

项目名称_
年年丰集团办公
主案设计_
陈颖
参与设计师_
李穗、陈广晖、林小龙、郭利华、陈腊梅
项目地点_
广东 深圳
项目面积_
1000平方米
投资金额_
180万元

平面布置图

主案设计：
张智忠 Zhang Zhizhong
博客：
http://157955.china-designer.com
公司：
深圳市易工营造设计有限公司
职位：
总经理

奖项：
改革开放二十年建筑装饰行业发展成就奖
二等奖
无锡华江大厦中国银行室内设计，获轻98年
全国室内大赛银奖
镇江一泉国宾馆，获2005年"华耐杯"中国
室内设计大赛一等奖；IFI国际室内设计师联盟
一等奖

项目：
沈阳宏信大厦方案
首都机场头等舱候机室室内设计
北京中旅大厦室内设计
广州白云机场宾馆室内设计
湖南天通置业有限公司室内设计
云南省政府办公大楼室内设计
江苏省政协办公大楼室内设计

惠州TCL电器集团多媒体事业中心
TCL Multimedia Business Center Office

A 项目定位 Design Proposition
多媒体事业中心是TCL集团公司最重要的部门，它承担了国内所有多媒体互动电器的研发、市场及销售的重要功能，是公司的核心机构，主要办公群体均为80后的年轻人。

B 环境风格 Creativity & Aesthetics
室内设计采用现代风格，充分体现现代办公的开敞、便捷、功能流畅的特征。入口处大尺度的"TCL"集团标识，具有极强的视觉冲击力。强化了标识，突击了企业文化及员工的自豪感。入口开花与平面功能相呼应，自由的曲线造型突击了空间轻松人性化的办公氛围，旋转楼梯的墙面采用树的剪影，给原本枯燥的办公环境增添了几分情趣。 大空间办公采用开放开花吊顶形式，自由的曲线造型让人联想到云朵，自然调节了情绪。

C 空间布局 Space Planning
平面布局以自然的动线曲线组织空间，紧疏有序，节奏感强。打破传统的呆板布局，由重要的接待区过渡到小型中庭空间，达到多层空间良好的沟通。弧形楼梯亦具备一定的展示性。 整体风格统一，色彩以灰度为背景色。开放的造型，稳定的色彩。

D 设计选材 Materials & Cost Effectiveness
普通的选材，通过造型及灯光营造氛围。

E 使用效果 Fidelity to Client
正式营业以来市长及高层领导参观后给予高度评价，成为TCL集团的设计标准。

Project Name_
TCL Multimedia Business Center Office
Chief Designer_
Zhang Zhizhong
Participate Designer_
Lian Huawen , Wu Hongwei , Yi Chao , Wang Sheng ,
Su Huaqun , Pang Shasha
Location_
Huizhou Guangdong
Project Area_
4500sqm
Cost_
4,300,000RMB

项目名称_
惠州*TCL*电器集团多媒体事业中心
主案设计_
张智忠
参与设计师_
练华文、吴洪伟、易超、王盛、苏华群、庞沙沙
项目地点_
广东 惠州
项目面积_
4500平方米
投资金额_
430万元

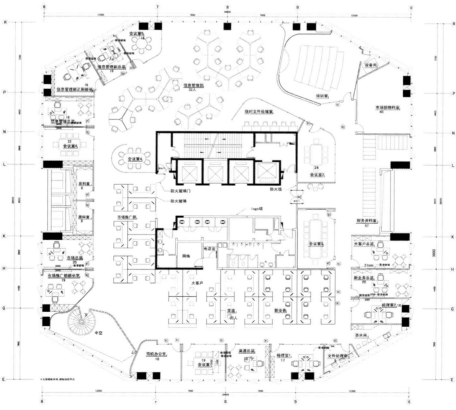

平面布置图

主案设计：
董强 Dong Qiang
博客：
http://159004.china-designer.com
公司：
北京筑邦建筑环境艺术设计院董强工作室
职位：
建筑师

奖项：
2009获中国室内设计33人物提名奖
2009获1989-2009中国室内设计二十年优秀
设计师
2010获全国有成就的资深室内建筑师
项目：
中关村科技贸易中心
中科院计算机所办公楼

国家体育总局彩票管理中心办公楼
中国水利水电建设集团办公楼
中国城市规划设计研究院改造
中国人民保险集团南方数据中心
国家开发银行办公楼

中国人民保险集团公司南方数据灾备中心
PICC South Data Recovery Center

A 项目定位 Design Proposition

对数据资料的保护是建筑的主要功能，要在室内设计中表达安全、保护、高效、严谨的内在气质。表达"承载"和"保护"的企业内涵，创造标准化、人性化、国际化、现代化保险企业办公空间新形象。

B 环境风格 Creativity & Aesthetics

从建筑设计出发，无论在大堂栏板设计与梭行梁结构的结合还是室内景观与室外庭院的交相呼应，都力图做到室内设计与建筑设计的统一和发展。

C 空间布局 Space Planning

大堂的设计现代、简洁。整体的设计形式首先体现了"承载"的意象，其次从造型上看，也与"船"的形象相近，具有"同舟共济"的象征，也是对企业文化内涵的引申。为了保持东西两侧视觉的通透性，借用中国古典园林"小中见大"的设计手法，使用石材竖肋进行局部遮挡，丰富了空间层次；休息区与绿化相结合，塑造"室内庭院"的效果。

D 设计选材 Materials & Cost Effectiveness

我们在设计中引入设计和施工的标准化、模块化的概念，建筑材料规格统一，细部设计做法统一，尽量采用场外加工，场内安装的施工管理原则。

E 使用效果 Fidelity to Client

实际运用中收到很理想的效果，达到设计初衷。体现公司"坚持以人为本，践行和谐奋进的企业文化"核心内涵，在室内设计中注重内部员工和外来访客的心理和生理体验，注重细节处理。

Project Name_
PICC South Data Recovery Center
Chief Designer_
Dong Qiang
Participate Designer_
Liu Liyang , Yang Weiran , Yang Wenpin , Huo Dan
Location_
Foshan Guangdong
Project Area_
15600 sqm
Cost_
30,000,000RMB

项目名称_
中国人民保险集团公司南方数据灾备中心
主案设计_
董强
参与设计师_
刘立洋、杨蔚然、杨文骋、霍丹
项目地点_
广东 佛山
项目面积_
15600平方米
投资金额_
3000万元

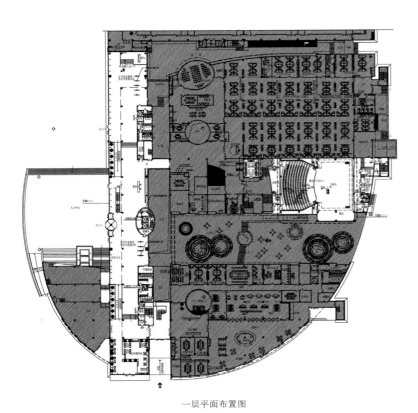

一层平面布置图

主案设计：
董强 Dong Qiang
博客：
http://159004.china-designer.com
公司：
北京筑邦建筑环境艺术设计院董强工作室
职位：
建筑师

奖项：
　2009获中国室内设计33人物提名奖
　2009获1989-2009中国室内设计二十年优秀
设计师
　2010获全国有成就的资深室内建筑师
项目：
中关村科技贸易中心
中科院计算机所办公楼

国家体育总局彩票管理中心办公楼
中国水利水电建设集团办公楼
中国城市规划设计研究院改造
中国人民保险集团南方数据中心
国家开发银行办公楼

北京筑邦建筑环境艺术设计院室内设计
Beijing Truebond Institute Interior Design

A 项目定位 Design Proposition

在设计之初，充分理解筑邦环艺院特点，准确把握其市场定位，着力打造具有超强市场竞争力的现代设计龙头企业，创造高效、绿色、人性化的现代办公环境。

B 环境风格 Creativity & Aesthetics

在中国建筑设计集团整体设计基调内，结合自身工作模式，采用开敞办公格局，给每个部门预先设计了一面形象展示墙，使其特点在整体设计基调内得到鲜明展示。

C 空间布局 Space Planning

"街巷与盒子"——围绕核心筒的走廊一侧是有韵律的组成每个部门的"盒子"（工作），还有会议室的"木盒子"（交流）、前台的"红盒子"（信息）点缀其间，这些"盒子"由"街巷"联系起来，组成环艺院生动的空间结构。

D 设计选材 Materials & Cost Effectiveness

在选材上遵循绿色环保原则，采用绿色建材，原木色的框架勾勒出每个工作的轮廓，确定了整个楼层的设计基调。

E 使用效果 Fidelity to Client

绿色环保材料、每个部门入口的绿草花池、感应照明设计、卫生间节水设计等共同起构成了人性化、低碳环保的办公环境。

Project Name_
Beijing Truebond Institute Interior Design
Chief Designer_
Dong Qiang
Participate Designer_
Yang Weiran , HuoDan , Liu Liyang , Wen Jie
Location_
Xicheng District Beijing
Project Area_
2000sqm
Cost_
10,000,000RMB

项目名称_
北京筑邦建筑环境艺术设计院室内设计
主案设计_
董强
参与设计师_
杨蔚然、霍丹、刘立洋、文杰
项目地点_
北京 西城
项目面积_
2000平方米
投资金额_
1000万元

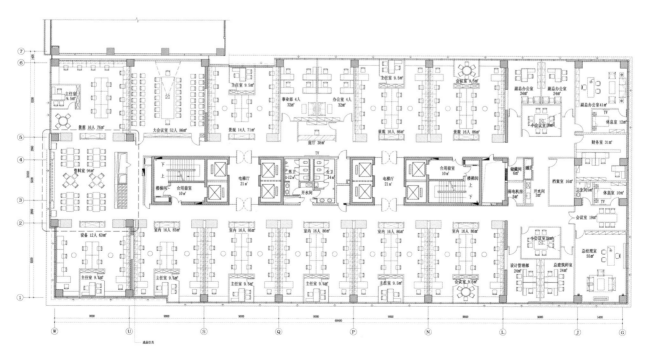

平面布置图

主案设计:
何华武 He Huawu
博客:
http://447031 .china-designer.com
公司:
福建国广一叶建筑装饰设计工程有限公司
职位:
设计总监

奖项:
第八届中国国际室内设计双年展(金奖)
2010 China-Designer中国室内设计年度评
选(金堂奖)
2010年亚太室内设计双年展(银奖)
2010年亚洲室内设计大奖赛 (铜奖)
2010年海峡两岸室内设计大奖赛(金、银奖)
2009年第七届福建室内设计大奖赛(一等奖)

项目:
万达福州   北京嘉泰
融侨旗山   福州海关大楼
福建电力大厦   晋江美旗物流
莆田工艺美术城   融侨大酒店
福建迎宾馆   海峡温泉度假酒店
河南升龙   湖北宜昌阳光酒店
龙岩国宾馆   福州大饭店

一信(福建)投资
Yixin(Fujian) Investment Office

A 项目定位 Design Proposition
本案是一家房地产开发投资公司的办公室，因而办公室的设计以体现强烈的建筑感为主。

B 环境风格 Creativity & Aesthetics
在人、环境、建筑、空间之中寻找出设计主线，彰显自然的建筑美感。

C 空间布局 Space Planning
跃层式的建筑在环绕着中庭的楼梯中，透过人与空间的互动因子，拉近生活与工作之间的距离。活力、创新、时尚、独特是公司始终坚持的理念。这在前台与公共区域的设计上均有体现，借由这个具有强烈造型感的前台与折线的中庭楼梯巧妙的结合，在视觉上形成一个由点、线、面组合而成的多维几何空间。整体空间充满几何造型的美感。加上前台柜子的序列导向感与楼梯的不同形状塑造出折型的力度，展现出一种健康与积极的空间语言，更有独特、时尚、创新的空间视觉延伸感。

D 设计选材 Materials & Cost Effectiveness
整体空间主要是以黑白灰作为主轴，纯净视觉及心灵，将外界的纷扰逐渐沉淀，让工作回归于宁静，给予空间价值。成就简洁、时尚、自然，使内部与外部的空间在视觉上达到高度融合。

E 使用效果 Fidelity to Client
我们所做的不仅让它变得更美丽，而是为了彰显进取精神。

Project Name_
Yixin(Fujian) Investment Office
Chief Designer_
He Huawu
Participate Designer_
Lin Hangying , Qiu Meijuan
Location_
Sanming Fujian
Project Area_
1800sqm
Cost_
3,000,000RMB

项目名称_
一信(福建)投资
主案设计_
何华武
参与设计师_
林航英、丘美娟
项目地点_
福建 三明
项目面积_
1800平方米
投资金额_
300万元

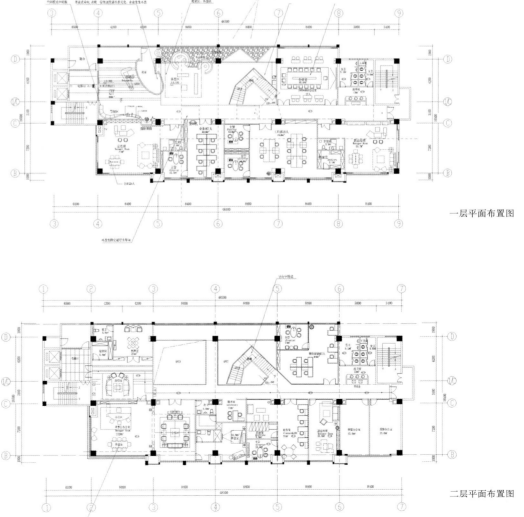

一层平面布置图

二层平面布置图

主案设计：
张灿 Zhang Can
博客：
http://472103.china-designer.com
公司：
四川创视达建筑装饰设计有限公司
职位：
设计总监

奖项：
2001-2009年度，连续九年获得成都市优秀设计师称号
2008年获"2008亚太室内设计双年大奖赛"金奖、铜奖
2009年获2009"照明周刊杯"中国照明应用设计大赛成都赛区金奖

项目：
南宁国际机场贵宾休息厅
成都龙泉海川大酒店
成都棕北新世界名店
新时代玛瑞卡商务酒店
九寨沟九宫宾馆项目
西昌邛海宾馆
大陆商务楼

MPS成都芯源系统有限公司
MPS Chengdu Xinyuan System Co., Ltd.

A 项目定位 Design Proposition

对于MPS，企业的办公空间及环境传达了企业拥有者对企业精神的诠释，我们希望用全新的办公设计语言让该空间来传达这样的精神。

B 环境风格 Creativity & Aesthetics

现代化是像MPS这样的企业所必须体现的，这个理念不光是在硬件上，同时在软件方面也至关重要，只有这样才可能完全体现办公空间在设计规划时所关注的，而这些关注其实也是企业的直接管理者透过设计师对该项目的具体设计来传达的企业精神和管理理念。

C 空间布局 Space Planning

我们设计的第一要务就是正确的解析客户的DNA。所有的设计细节，大到空间的分割小到一个门把手的选用，都是在此基础上建立起来的。

D 设计选材 Materials & Cost Effectiveness

大量运用大理石。

E 使用效果 Fidelity to Client

最重要的还是该项目从概念，计划投入，方案，扩初，实施配合以至最后完成，都能在设计及技术方面协调控制到位，达到最终的效果（包括视觉、行为、舒适度等）。

Project Name_
MPS Chengdu Xinyuan System Co., Ltd.
Chief Designer_
Zhang can
Location_
Chengdu Sichuan
Project Area_
1500sqm
Cost_
15,000,000 RMB

项目名称_
MPS成都芯源系统有限公司
主案设计_
张灿
项目地点_
四川 成都
项目面积_
1500平方米
投资金额_
1500万元

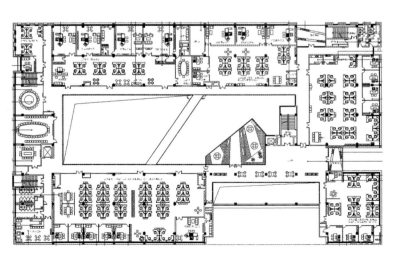

平面布置图

主案设计：
盖永成 Gai Yongcheng
博客：
http:// 493528.china-designer.com
公司：
大连外国语学院 国际艺术学院
职位：
环境艺术专业主任，教授

项目：
2007年，主持设计延吉二道咨询宾馆四星级
2007年，主持设计延吉二道夏宫大酒店四星级
2007年，主持设计大连罗斯福-天兴国际中心
2007年，主持设计大连显铭酒店泰式餐厅
2009年，主持设计大连团山花园度假酒店
2010年，主持设计大连ICC集电大厦

ICC集电大厦
ICC I.C. Building

A 项目定位 Design Proposition

ICC集电产业基地大厦位于大连市高新园区，是以高新产业为龙头的基地办公集聚中区，建筑面积约6万平方米。整体设计理念集成电路与现代科技的元素。

B 环境风格 Creativity & Aesthetics

将电路与现代科技的元素提炼、演变、简化，采用明喻与暗喻的设计手法释解空间的语言。

C 空间布局 Space Planning

主背景墙设计以电路板符号作为主元素，并设置了寓意两扇科学的之门展开设计构想。整体天花及地面以电路板及电路散热片作为整体符号。

D 设计选材 Materials & Cost Effectiveness

地面设计了纵横两条带，横向为世界集电产业发展年限，纵向为中国集电产业发展年限，设计符号也采用集成电路板的语言符号。总接待台采用自然剁斧石衍生ICC的主题，并融入环境之中。

E 使用效果 Fidelity to Client

集成电路与现代科技的元素的整体设计，使ICC集电大厦在高新产业中突显其科技力量，同时具有时尚感。

Project Name_
ICC I.C. Building
Chief Designer_
Gai Yongcheng
Participate Designer_
Tong Zhiqiang , Zhangshuo
Location_
Dalian Liaoning
Project Area_
60000sqm
Cost_
20,000,000 RMB

项目名称_
ICC集电大厦
主案设计_
盖永成
参与设计师_
佟志强、张硕
项目地点_
辽宁 大连
项目面积_
60000平方米
投资金额_
2000万元

主案设计:
陈志斌 Chen Zhibin
博客:
http://501795.china-designer.com
公司:
鸿扬集团 陈志斌设计事务所
职位:
创意总监

奖项:
获第15届香港亚太室内设计大奖赛样板房类别银奖
第四届海峡两岸四地室内设计大赛住宅工程类特等奖
"尚高杯" 中国室内设计大赛商业方案类一等奖
中国室内空间环境艺术设计大赛展示空间一等奖
项目:
抽象水墨
长沙心飯样泊岸板间
等等

私享的盛宴
Private Feast

A 项目定位 Design Proposition
在这样低调华美的空间里与高品位、高学历、高诉求的客户一起寻找美学的真谛。

B 环境风格 Creativity & Aesthetics
创意是行云流水般的，云水无定式，尽量去除形式约束，自由的若隐若现于空间中。

C 空间布局 Space Planning
典雅氛围下，家具略显跳跃，端庄的正襟危坐，斜摆的仪态万方，一刚一柔，一曲一直，一个适合初次会客，严谨介绍。

D 设计选材 Materials & Cost Effectiveness
东方元素的花格、斗拱都披上典雅的珍珠颜色，成为耀眼的装置。

E 使用效果 Fidelity to Client
当东方遇见西方，激情碰撞之后，褪尽铅华，终将融汇于当代创意之潮流中。

Project Name_
Private Feast
Chief Designer_
Chen Zhibin
Participate Designer_
Li Zhiyong , Tan Li , PengHui
Location_
Changsha Hunan
Project Area_
122sqm
Cost_
210,000 RMB

项目名称_
私享的盛宴
主案设计_
陈志斌
参与设计师_
李智勇、谭丽、彭辉
项目地点_
湖南 长沙
项目面积_
122平方米
投资金额_
21万元

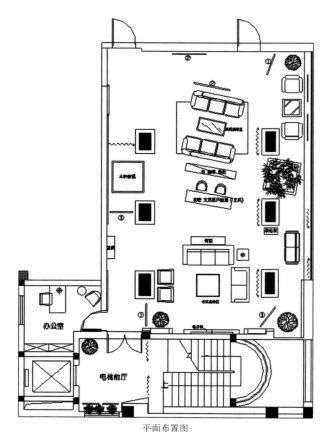

平面布置图

主案设计：
黄广亮 Huang Guangliang
博客：
http:// 509120.china-designer.com
公司：
沈阳富而特装饰装修工程有限公司
职位：
董事长、艺术总监

富而特办公空间
Fuerte Office Space

A 项目定位 Design Proposition

本案为办公空间设计，设计师将自己多年精心收藏的古代艺术品、文物、古董及古代家具倾囊而出，装饰于厅堂的各个角落，令整个空间充满古色古香的艺术气息，犹如一个小小的私人博物馆。

B 环境风格 Creativity & Aesthetics

古典家具饰品与现代工艺、布局交互渗透、相得益彰。

C 空间布局 Space Planning

上通庙堂，下接地气，亦古亦今。先人留下的文化符号时时撞击着设计者的头脑和内心，电光石火交汇，灵感喷薄而出。设计师特意开辟出一个文化休闲区域，将已有三百年高龄的八仙桌置于厅堂，供在此办公地白领们练习书法、修身养性、观赏窗外美景之用。

D 设计选材 Materials & Cost Effectiveness

宋代的老箱柜，明代的老案台，清朝嘉庆年间的老门匾，形形色色细致精巧的瓷器，上百只形态各异的茶杯茶壶，无不让人流连忘返，顿生怀古之幽情。本案的核心理念，就是中西合璧、兼二种文化艺术之美，让都市的喧嚣在这里沉淀下来，让忙乱无序的快节奏在这里舒缓下来，让备受现代工业化秩序熬煎的疲惫心神在这里得到滋养，让焦虑的都市人有一个颐养心性、乐而忘忧的庇护所。

E 使用效果 Fidelity to Client

投入运营后效果非常好。

Project Name_
Fuerte Office Space
Chief Designer_
Huang Guangliang
Location_
Shenyang Liaoning
Project Area_
520sqm
Cost_
1200,000RMB

项目名称_
富而特办公空间
主案设计_
黄广亮
项目地点_
辽宁 沈阳
项目面积_
520平方米
投资金额_
120万元

主案设计：
周诗晔　Zhou Shiye
博客：
ttp:// 511014.china-designer.com
公司：
上海现代建筑装饰环境设计研究院有限公司
职位：
副所长、创意设计师

申能能源中心室内设计
Shenneng Energy Center Interior Design

A **项目定位** Design Proposition

申能能源中心主要用作上海市燃气调度中心、申能集团公司系统突发事件应急指挥中心、电力生产管理信息中心和能源研究中心，兼作申能集团公司及其子公司的办公场所。

B **环境风格** Creativity & Aesthetics

申能能源中心的室内设计是在科技平台上的艺术创作，更多体现对人性和企业文化内涵的探索，为现代化公司管理提供基础保证。

C **空间布局** Space Planning

本案室内设计风格定位为"大气、庄重、简洁、成熟"。延续并提升、深化建筑设计理念，环境、建筑、景观和室内和谐一体化。空间布局应结合功能需要和建筑空间构成统筹安排，主题清晰，功能布置经济合理，交通组织流畅，办公、会议、参观、接待、后勤服务等各种交通流线清晰、便捷、流畅、互不干扰。

D **设计选材** Materials & Cost Effectiveness

合理运用节能措施，积极选用节能环保建材。从环境艺术的角度，设计中要体现出对文化内涵的提升，所以方案中对雕塑、壁饰等艺术品以及标识系统的位置和要求也提出具体的建议。

E **使用效果** Fidelity to Client

本项目是业主自己投入使用的办公楼。

Project Name_
Shenneng Energy Center Interior Design
Chief Designer_
Zhou Shiye
Participate Designer_
Qiu Jijin , He Jiajie , Yang Jiahui , Wang Menglu
Location_
Shanghai
Project Area_
458551sqm
Cost_
80,000,000 RMB

项目名称_
申能能源中心室内设计
主案设计_
周诗晔
参与设计师_
邱继瑾、何嘉杰、杨佳慧、王梦露
项目地点_
上海
项目面积_
458551平方米
投资金额_
8000万元

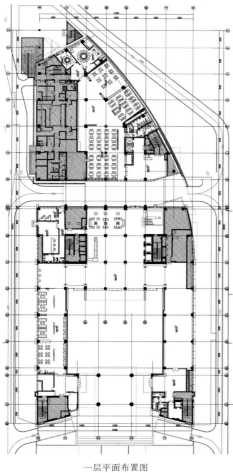

一层平面布置图

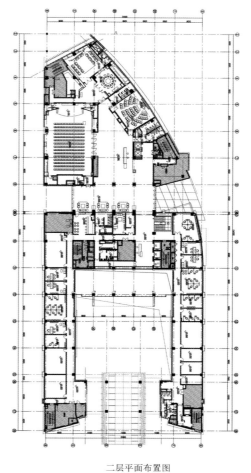

二层平面布置图

主案设计:
于奕文 Yu Yiwen
博客:
http:// 515208.china-designer.com
公司:
上海现代建筑装饰环境设计研究院有限公司
职位:
装饰一所所长

虹桥综合交通枢纽公共事务中心
Hongqiao Integrated Transport Hub Public Centre

A 项目定位 Design Proposition
新兴建筑不论是艺术气息还是建筑风格,不论是学术氛围还是周边环境特色,都应该形成其独特的感官感受,这对建筑的延展是极其有好处的。

B 环境风格 Creativity & Aesthetics
"硬朗""柔软""功能化""轻松化"。

C 空间布局 Space Planning
该楼拥有德式建筑的硬朗、大气、简洁等风格特点,为高效的工作提供了环境氛围,但作为功能性的办公建筑,室内空间的柔性设计正日益彰显出其魅力,柔性并不等于柔软,柔性设计的增多更容易对建筑使用者带来愉悦的工作氛围及更加轻松的心理暗示。因此,该楼室内设计的第一重点在于延续其建筑风格,第二重点便在于柔化过于强硬的建筑形态,我们将采用一些有效的柔性设计手段与该建筑自然融合。

D 设计选材 Materials & Cost Effectiveness
艳丽的色彩将直观地提升办公空间的欢快感,轻松感。

E 使用效果 Fidelity to Client
该设计给办公空间带来轻松的氛围,业主满意。

Project Name_
Hongqiao Integrated Transport Hub Public Centre
Chief Designer_
Yu Yiwen
Participate Designer_
Zhang Min , Chen Jie , Li Xiaojun , Ren Yili
Location_
Minhang District Shanghai
Project Area_
18000sqm
Cost_
27,000,000 RMB

项目名称_
虹桥综合交通枢纽公共事务中心
主案设计_
于奕文
参与设计师_
张珉、陈劼、李晓军、任意立
项目地点_
上海 闵行
项目面积_
18000平方米
投资金额_
2700万元

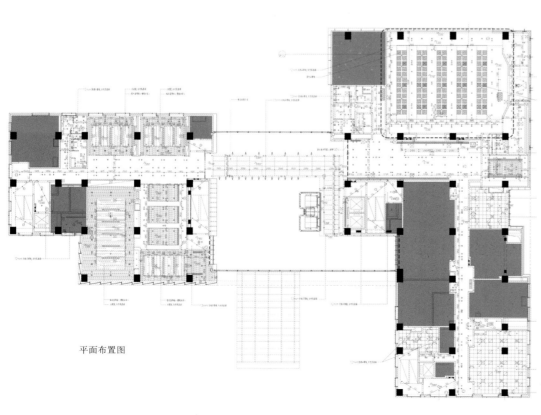

平面布置图

欢迎各位领导莅临虹桥枢纽应急响应中心

主案设计：
陈连武 Chen Lianwu
博客：
http://797206 .china-designer.com
公司：
城市室内装修设计有限公司
职位：
设计总监

奖项：
2008TID设计大赛初选入围
2009TID设计大赛初选入围
2009中华民国杰出室内设计作品金创奖银牌奖
2009大金设计大赏佳作奖
2010亚太室内设计双年大奖赛优秀作品入选
2010亚太室内设计双年大奖赛新锐设计师奖
2010大金设计大赏铜牌奖

项目：
绿中海毛公馆
新竹卓公馆
阳光街黄宅
三峡李公馆
内湖邱宅
三重邱宅
青山镇林宅

Chains Interior
Chains Interior

A 项目定位 Design Proposition
寻找一种空间元素,可以与从事金融业的业主相互共通的语汇:ladder(爬梯)＋ing＝laddering(攀梯投资法),laddering同时也是一种沟通技法，本案从爬梯空间元素作为设计发想。

B 环境风格 Creativity & Aesthetics
以梯形开始本案的造型语汇，用不同的反光与穿透材质，创造空间的虚实层次，同时赋予不同的实用机能。

C 空间布局 Space Planning
运用逐步进深的空间配置，创造水平与垂直向的视野延展，而镜面表材的拉门，也给与一种虚像的延续。

D 设计选材 Materials & Cost Effectiveness
采用低甲醛板材,并避免油性漆的喷涂，所造成的空气毒害。

E 使用效果 Fidelity to Client
重新赋予新的生活制序与品质的开展。

Project Name_
Chains Interior
Chief Designer_
Chen Lianwu
Participate Designer_
Liu Qiuyan
Location_
Taibei Taiwan
Project Area_
130sqm
Cost_
300,000RMB

项目名称_
chains interior
主案设计_
陈连武
参与设计师_
刘秋燕
项目地点_
台湾 台北
项目面积_
130平方米
投资金额_
30万元

平面布置图

主案设计：
张晓亮 Zhang Xiaoliang
博客：
http:// 800835.china-designer.com
公司：
北京艾迪尔建筑装饰工程有限公司
职位：
总设计师

奖项：
2008年北京室内设计双年展银奖
2010年，中国国际空间环境艺术设计大赛办
公空间工程类"筑巢奖"银奖
项目：
安捷伦科技（成都）有限公司
中意财产保险管理公司
中银保险有限公司

雪佛龙（中国）
雅虎口碑网
腾讯科技有限公司（北京，天津，上海，深圳）

腾讯科技北京分公司第三极办公室
Tencent Co., Ltd. Beijing Branch

A 项目定位 Design Proposition
根据客户要求，塑造在同类企业中与众不同的装饰效果。

B 环境风格 Creativity & Aesthetics
塑造异型空间，突出大气风格。

C 空间布局 Space Planning
空间布局更加人性化。

D 设计选材 Materials & Cost Effectiveness
不同材质灵活合理搭配。

E 使用效果 Fidelity to Client
受到客户及其企业员工的一致好评。

Project Name_
Tencent Co., Ltd. Beijing Branch
Chief Designer_
Zhang Xiaoliang
Participate Designer_
Zhang Qing , Xin Yi , Huang Liyuan , Dong Xinliang
Location_
Haidian Distrct Beijing
Project Area_
12500sqm
Cost_
10,000,000 RMB

项目名称_
腾讯科技北京分公司第三极办公室
主案设计_
张晓亮
参与设计师_
张清、辛夷、黄丽元、董欣亮
项目地点_
北京 海淀
项目面积_
12500平方米
投资金额_
1000万元

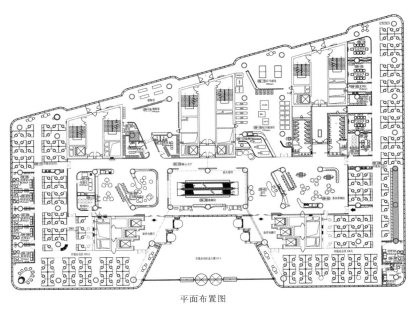

平面布置图

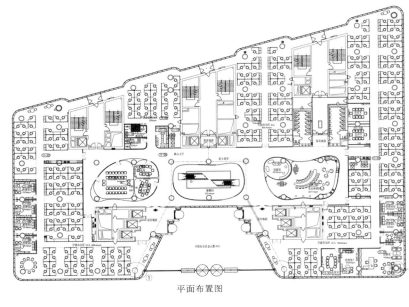

平面布置图

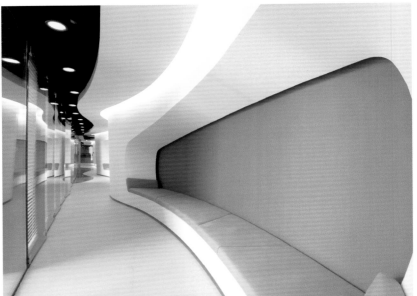

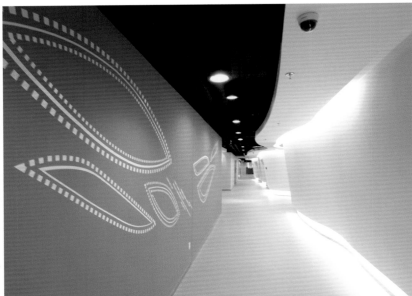

主案设计：
任磊 Ren Lei
博客：
http:// 801447.china-designer.com
公司：
海孚若珥建筑装饰设计工程有限公司
职位：
设计总监

项目：
上海史泰博延安路家具展厅设计
杭州荣业家具杭州展厅设计
张家港购物公园太阳广场
湘鄂情怀868餐饮会所
上海众生网络公司田林路办公室
江苏昆山其强办公家具展厅及办公区设计
江苏扬州科派办公家具展厅

德邦物流办公空间设计

办公快车——德邦上海总部

Office Express——DEBANG Shanghai Headquarters

A 项目定位 Design Proposition

符合物流企业的特色需求，体现出高速和稳健，活力和开放的新型企业印象。同时注重人性化设计，预留了充足的休息休闲空间，使员工可以在紧张的工作之后等到放松（三层设有400平方米的休闲沙龙）。

B 环境风格 Creativity & Aesthetics

以德邦物流的企业形象色——橙和蓝两色，作为主色，色彩环境明快。并在设计风格上借鉴了很多汽车的元素，来体现物流企业的特色，所以称之为蓝色的"办公快车"。

C 空间布局 Space Planning

一、二层采用空中会议室的做法使之链接为一体，同时打破了中厅的狭长感。三、四层办公空间采用核心筒做法，中间为会议部分，其他为环绕办公区。

D 设计选材 Materials & Cost Effectiveness

地面采用新型LG整体地胶，色彩变化丰富，利于划分区域及清洁打扫。天花基本为开放式，灯具大量采用灯光膜结构，造型前卫，光线均匀。

E 使用效果 Fidelity to Client

在投入使用后，满足了400多名员工的日常使用。并以前卫和时尚大气的设计成为了德邦物流的总部核心。提升了德邦物流的企业整体形象，使之具备了与其他国际一流物流企业总部相媲美的总部大厦。

Project Name_
Office Express——DEBANG Shanghai Headquarters
Chief Designer_
Ren Lei
Participate Designer_
Chu Yanjie , Yu Dawei , Zhouhong
Location_
Qingpu Distrct Shanghai
Project Area_
4600sqm
Cost_
11,000,000RMB

项目名称_
办公快车——德邦上海总部
主案设计_
任磊
参与设计师_
储艳洁、余达威、周红
项目地点_
上海 青浦
项目面积_
4600平方米
投资金额_
1100万元

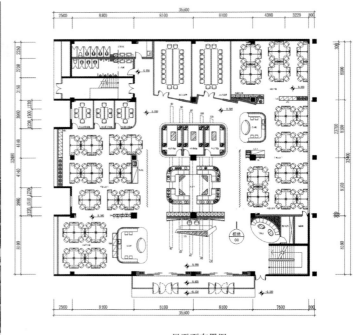

一层平面布置图

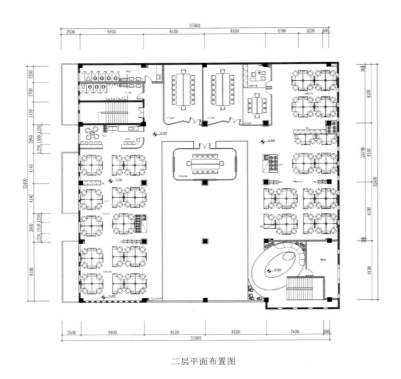

二层平面布置图

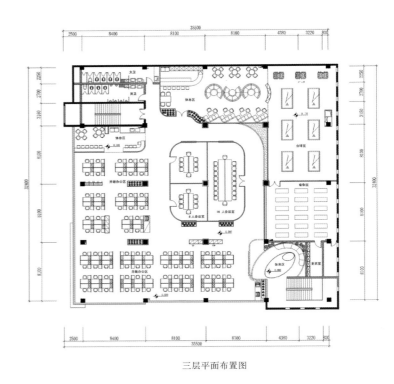

三层平面布置图

主案设计:
宋毅 Song Yi
博客:
http://813799.china-designer.com
公司:
上海思域室内设计事务所有限公司
职位:
执行长

奖项:
美国城市土地协会（ULI）"2010亚太区卓越设计大奖"
2010年获选"中国杰出中青年室内建筑师"称号
第六届上海（国际）青年建筑师设计作品竞赛金奖第一名
2010年3月"美克美家杯" 室内设计大赛银奖

2009年《INTERIOR DESIGN》 "CHINA TOP 10"
项目:
上海浦东市民中心

阿里巴巴支付宝（中国）信息科技有限公司
Alibaba Alipay (China) Information Technology Co., Ltd.

A 项目定位 Design Proposition
阳光灿烂的日子。

B 环境风格 Creativity & Aesthetics
鲜活自由。

C 空间布局 Space Planning
动线合理。

D 设计选材 Materials & Cost Effectiveness
突破传统使用方式。

E 使用效果 Fidelity to Client
员工非常喜爱。

Project Name_
Alibaba Alipay (China) Information Technology Co., Ltd.
Chief Designer_
Song Yi
Location_
Pudongxin District Shanghai
Project Area_
4000sqm
Cost_
8,000,000RMB

项目名称_
阿里巴巴支付宝（中国）信息科技有限公司
主案设计_
宋毅
项目地点_
上海 浦东新区
项目面积_
4000平方米
投资金额_
800万元

平面布置图

主案设计：
邢新华 Xing Xinhua
博客：
http:// 814494.china-designer.com
公司：
深圳市华贝设计策划有限公司
职位：
设计总监

深圳市东方博雅科技有限公司
Shenzhen Dongfang Boya Technology Co., Ltd.

A 项目定位 Design Proposition

本案集合了传统与现代，将不同的元素重新进行了精心整合，干净整洁的线贯穿空间始终。

B 环境风格 Creativity & Aesthetics

本案设计定位于具有现代理念的企业，开放式的办公环境体现了良好的企业精神，对于使用者而言，这样的格局设计能够有效地促进同事之间相互沟通和探讨，这也正是企业所追求的软文化。

C 空间布局 Space Planning

该办公项目同时拥有良好的外部环境，自然光的引入让空间更加能俘获人心。本案在设计上追求创新，去掉浮躁多余的元素，而注重营造出办公空间的最大的舒适性。

D 设计选材 Materials & Cost Effectiveness

空间的材料选择注重环保和实用性，墙纸、人造石、软膜令空间的自然感得以增强，环保的理念也深入到了设计理念之中。地板的黄色格调和天花的黑白格调形成强烈的对比，也因此衬托出了空间整体的色彩平衡感。

E 使用效果 Fidelity to Client

本案可以在最短的时间内被走进空间的人所接受，这源于设计师对空间的人性化的思量和分析。

Project Name_
Shenzhen Dongfang Boya Technology Co., Ltd.
Chief Designer_
Xing Xinhua
Location_
Shenzhen Guangdong
Project Area_
2000sqm
Cost_
5,000,000RMB

项目名称_
深圳市东方博雅科技有限公司
主案设计_
邢新华
项目地点_
广东 深圳
项目面积_
2000平方米
投资金额_
500万元

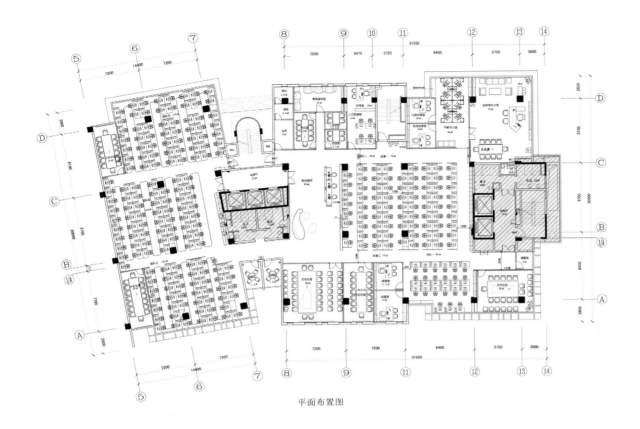

平面布置图

主案设计：
黄振耀 Huang Zhenyao
博客：
http:// 817019.china-designer.com
公司：
东峻国际设计顾问
职位：
总经理

E&T设计顾问办公室
E&T Design Consultants Office

A 项目定位 Design Proposition

一半是公司办公空间，一半是半营业状态的实验餐厅。

B 环境风格 Creativity & Aesthetics

依托在酒店的后花园，周边环境景色宜人、绿意葱葱。如何把景观与室内空间水乳交融，形成"我中有你""你中有我"的"忘我"意境。

C 空间布局 Space Planning

一半是公司办公空间，一半是半营业状态的实验餐厅。两者可相互应用互相拓展、交替使用。

D 设计选材 Materials & Cost Effectiveness

所有的家具、墙板造型由一颗长度**11.7**米，直径**0.9**米的原木在没有一点浪费的前提下，合理切割，进行可持续使用的安装方法拼装，实现真正意义上的低碳、环保及可持续应用的原则。

E 使用效果 Fidelity to Client

是公司办公空间与半营业状态的实验餐厅，互相拓展、交替使用。

Project Name_
E&T Design Consultants Office
Chief Designer_
Huang Zhenyao
Location_
Xiamen Fujian
Project Area_
450sqm
Cost_
200,000RMB

项目名称_
E&T设计顾问办公室
主案设计_
黄振耀
项目地点_
福建 厦门
项目面积_
450平方米
投资金额_
20万元

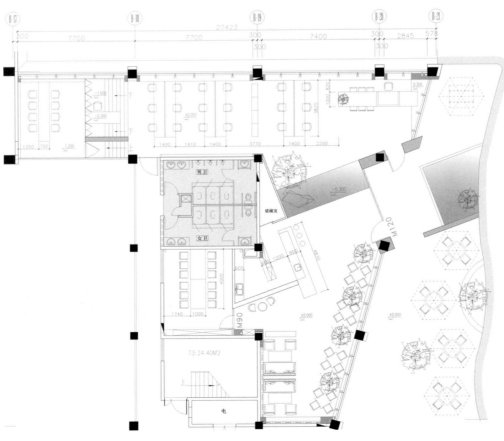

平面布置图

主案设计：
戴元满 Dai Yuanman
博客：
http://819830.china-designer.com
公司：
深圳市建筑装饰(集团)有限公司
职位：
设计研究院副院长

TCL集团总部办公楼
TCL Group Headquarters Office Building

A 项目定位 Design Proposition

作为国内外知名企业——TCL全球总部，其定位具有统领全局、运筹帷幄的气势。以"黑、白、灰+红色"为基调，突出其"国际化、高科技、人文关怀"三大核心理念。

B 环境风格 Creativity & Aesthetics

以营造具有国际化、现代化的高效办公为核心宗旨。采用大面积黑、白、灰色调突出"TCL"的红色LOGO，与TCL的企业文化理念相融会贯通，并强调对员工的人文关怀、对公司价值体系的认同。

C 空间布局 Space Planning

整体布局结合建筑主体空间的方正大气为主线，尽量采用较为开阔的视觉分割，将不同功能区进行合理分布，尤其是22~24层集团总部核心办公层，布局流线顺畅、空间开阔大气、视野良好、采光充足，打造景致优美、高效整洁的办公环境。

D 设计选材 Materials & Cost Effectiveness

设计选材均以成品订制为主。干净整洁的石材与具现代感的高隔断相结合，地面根据不同功能区而选用硬质石材与软质的地毯相结合。灯光尽量以暗藏组合光源加点光源相结合，少用泛光源。使办公空间视觉舒适、层次丰富且有变化。

E 使用效果 Fidelity to Client

本次设计得到客户的高度认可，为TCL公司的办公环境创造了一种全新模式，也成为其内部的一种全新标准。

Project Name_
TCL Group Headquarters Office Building
Chief Designer_
Dai Yuanman
Participate Designer_
Yu Chuanming , Su Jingfei , Li Weiyan , Song Sushu
Location_
Huizhou Guangdong
Project Area_
10000sqm
Cost_
10,000,000RMB

项目名称_
TCL集团总部办公楼
主案设计_
戴元满
参与设计师_
喻传明、苏景飞、李伟炎、宋素舒
项目地点_
广东 惠州
项目面积_
10000平方米
投资金额_
1000万元

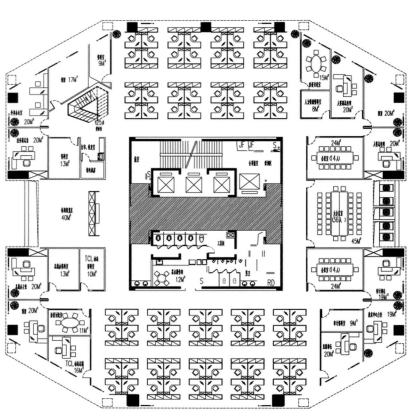

平面布置图

主案设计：
Arnd
博客：
http:// 820066.china-designer.com
公司：
艺赛（北京）室内设计有限公司办公室
职位：
设计总监

艺赛（北京）室内设计有限公司
YISAI (Beijing) Co., Ltd. Interior Design

A 项目定位 Design Proposition

一个好的设计往往是不刻意的，是合理的布局，很好地利用了空间，并和美好的环境和谐共处。

B 环境风格 Creativity & Aesthetics

工作室设计在保留了原有建筑气质特点的同时，与原建筑内外贯通，风格质朴不失大气。运用古朴的造型装饰元素和地面材质完美的结合，是传统与现代的融合。通过界面的材料和空间的配饰使空间气氛沉静又不失韵味。

C 空间布局 Space Planning

整个工作室在设计上优先考虑功能和使用需求，干净的立面、宽大的桌面适合设计师的工作性质。陈设品选用恰当，能够为烘托室内氛围起到良好作用。

D 设计选材 Materials & Cost Effectiveness

运用古朴的造型装饰元素和地面材质完美的结合，是传统与现代的融合。通过界面的材料和空间的配饰使空间气氛沉静又不失韵味。厨房衣帽间暖色调的改变让整个空间灵动起来。

E 使用效果 Fidelity to Client

与大自然相结合，很舒服的办公空间，没有多余的附加品，一切都是那么随和与平静。

Project Name_
YISAI (Beijing) Co., Ltd. Interior Design
Chief Designer_
Arnd
Location_
Chaoyang District Beijing
Project Area_
250sqm

项目名称_
艺赛（北京）室内设计有限公司
主案设计_
Arnd
项目地点_
北京 朝阳
项目面积_
250平方米

Modern Chinese Art Foundation

主案设计:
张建 Zhang Jian
博客:
http:// 820193.china-designer.com
公司:
济南乾璟汇达装饰设计工程有限公司
职位:
设计总监

张建工作室
Zhang Jian Studio

A 项目定位 Design Proposition
本方案试图创造一种体现个人痕迹的工作空间,也是对设计者和客户沟通方式的探索。

B 环境风格 Creativity & Aesthetics
现代主义风格。

C 空间布局 Space Planning
通过石头、OSB板以及玻璃砖在空间中的穿插利用,营造通透流畅的现代主义空间氛围。

D 设计选材 Materials & Cost Effectiveness
东方元素的应用以及禅床的设置则是主人对东方文化热衷的自然流露。

E 使用效果 Fidelity to Client
体现个人痕迹的工作空间。

Project Name_
Zhang Jian Studio
Chief Designer_
Zhang Jian
Location_
Jinan Shandong
Project Area_
200sqm
Cost_
100,000RMB

项目名称_
张建工作室
主案设计_
张建
项目地点_
山东 济南
项目面积_
200平方米
投资金额_
10万元

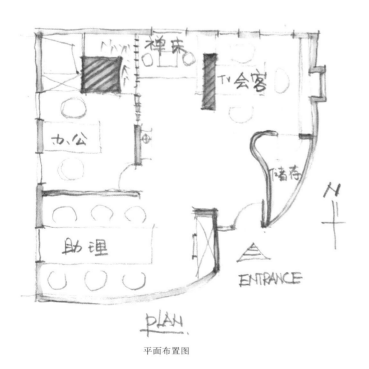

平面布置图

主案设计：
吴矛矛 Wu Maomao
博客：
http://820317.china-designer.com
公司：
中外建工程设计与顾问有限公司
职位：
设计总监

项目：
中国人寿保险集团总部
宾利北京总部
清华同方科技会展中心
北京昆泰国际中心
国家开发银行深圳分行
北京燃气公司
北京百富国际大厦

中国农业银行天筑大厦
中国农业银行科技大厦
中国兵器装备大厦
北京城市建设集团开发有限公司总部
华星国际影城系列
北京英皇钟表珠宝系列店
北京中太谢瑞麟系列店
宾利．劳斯莱斯展厅

中国证券登记结算有限责任有限公司
China Securities Depository and Clearing Co. Ltd.

A 项目定位 Design Proposition
建立一个符合规范化、市场化和国际化要求，具有开放性、拓展性特点，有效防范市场风险和提高市场效率，能够更好地为中国证券市场未来发展服务的集中统一的证券登记结算体系。

B 环境风格 Creativity & Aesthetics
设计采用了风水背墙的手法，改变了北门直冲的格局，形成了从入口至中柱，中柱至背墙，背墙至内厅三层递进的空间序列，合理划分出功能区域，丰富了空间层次，同时很好地掩饰了二层通廊，将空间质量大幅提升。

C 空间布局 Space Planning
在形式设计方面，大堂采用了主题性设计在简洁大气的基础上，为大堂赋予了精神内涵及使命紧密相扣，弘扬了企业精神，展示出一幅壮丽的画卷。

D 设计选材 Materials & Cost Effectiveness
顶级的定位，一定要具有非凡的气势、精良的工艺、环保特性及高科技含量。

E 使用效果 Fidelity to Client
整座办公大楼的设计，各有不同的亮点，简约、大气，强调空间体面关系。温馨、舒适，具有文化和艺术气息，低调中透出高贵的气度和品质。

Project Name_
China Securities Depository and Clearing Co. Ltd.
Chief Designer_
Wu Maomao
Location_
Xicheng District Beijing
Project Area_
30321.31sqm
Cost_
100,000,000RMB

项目名称_
中国证券登记结算有限责任有限公司
主案设计_
吴矛矛
项目地点_
北京 西城
项目面积_
30321.31平方米
投资金额_
1亿元

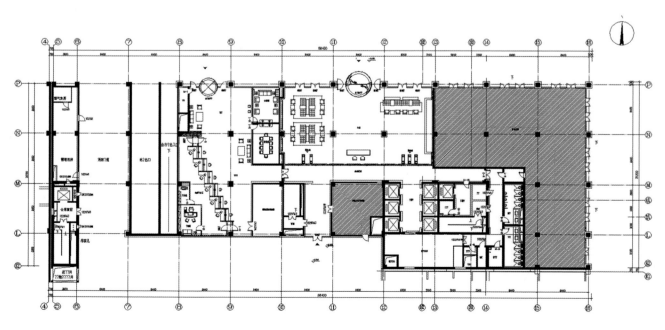

平面布置图

主案设计：
王南钢　Wang Nangang
博客：
http://820449.china-designer.com
公司：
上海思域室内设计工程有限公司
职位：
高级室内设计师

荷兰FORLE贸易上海代表处

Netherlands FORLE Trade Shanghai Representative Office

A 项目定位 Design Proposition
国际性。

B 环境风格 Creativity & Aesthetics
清新雅致 。

C 空间布局 Space Planning
流线合理。

D 设计选材 Materials & Cost Effectiveness
环保低碳。

E 使用效果 Fidelity to Client
好看好用。

Project Name_
Netherlands FORLE Trade Shanghai Representative Office
Chief Designer_
Wang Nangang
Location_
Yangpu District Shanghai
Project Area_
350sqm
Cost_
500,000RMB

项目名称_
荷兰FORLE贸易上海代表处
主案设计_
王南钢
项目地点_
上海 杨浦
项目面积_
350平方米
投资金额_
50万元

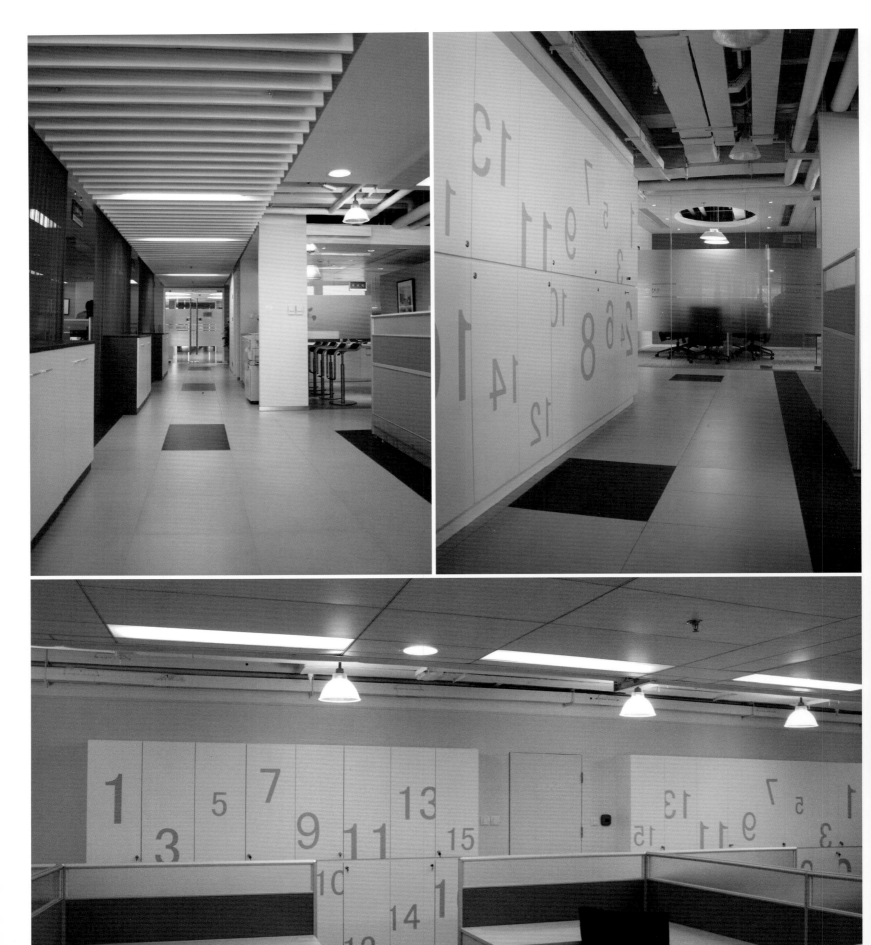

主案设计：
张明杰 Zhang Mingjie
博客：
http://820604.china-designer.com
公司：
中国建筑设计研究院
职位：
室内设计2室主任

项目：
首都公路发展集团办公楼改造
大同云中商贸物流园区室内设计
常州万达广场室内设计
万达学院室内设计
国家体育总局冬季运动训练中心
泰山桃花峪游人服务中心
中国文字资料博物馆室内设计

昆山电影院室内设计
中国神华能源股份有限公司C座室内设计
中国建筑设计研究院0#楼室内设计
大同机场室内设计
北京工业大学软件园0#楼室内设计
金融街F3光大证券股份有限公司室内设计
六里桥高速公路指挥中心室内设计
中国神华能源股份有限公司B座室内设计

首发大厦室内设计
Capital Land Building Interior Design

A 项目定位 Design Proposition
作为北京首都高速公路发展集团的自用办公楼，使用者为大型国企。

B 环境风格 Creativity & Aesthetics
该项目位于丰台区，毗邻六里桥长途汽车客运站，处于北京的长途客运枢纽地带，室内环境简洁，亮丽，体现交通空间和办公空间的双重特质。

C 空间布局 Space Planning
空间组织简单明晰，四栋相对独立的办公区域由中央的十字街大堂联系在一起，空间从此主次分明。

D 设计选材 Materials & Cost Effectiveness
设计选材体现简洁、时尚的原则。材料种类不多，以天然大理石及原木饰面为主，烘托出亲人的内环境。

E 使用效果 Fidelity to Client
投入使用后，吸引了北京市交通委入住，得到北京交通系统的认可。

Project Name_
Capital Land Building Interior Design
Chief Designer_
Zhang Mingjie
Participate Designer_
Di Shiwu , Jiangpeng , Zhang Ran , Wang Mohan
Location_
Fengtai District Beijing
Project Area_
39000sqm
Cost_
100,000,000RMB

项目名称_
首发大厦室内设计
主案设计_
张明杰
参与设计师_
邸士武、江鹏、张然、王默涵
项目地点_
北京 丰台
项目面积_
39000平方米
投资金额_
1亿元

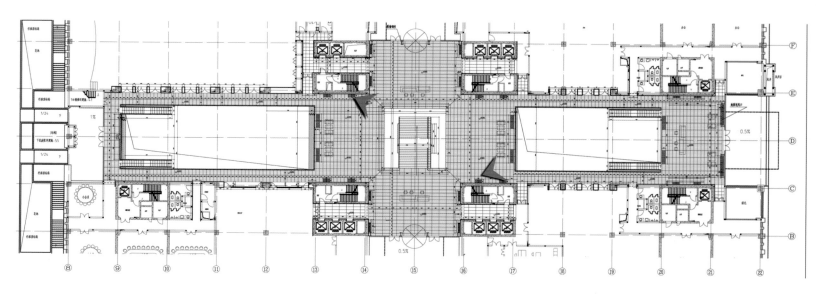

平面布置图

主案设计：
王湘苏 Wang Xiangsu
博客：
http://821551.china-designer.com
公司：
长沙艺筑装饰设计工程有限公司
职位：
设计总监

空间解构
Deconstruction of Space

A 项目定位 Design Proposition

厌倦了空间构成一贯的直线矩阵，渴望空间能够重生。

B 环境风格 Creativity & Aesthetics

新"生命"的开始，从某知名建筑外观引发，斜面的体快、不规则的三角面、错落的折线贯穿于整个空间，融入光、色、影，打破传统矩线概念。线与面的融合形成骨架，柔性的沙发及Model雕塑给予了空间血肉，赋予了思想，得以重生。

C 空间布局 Space Planning

空间布局与商业用途相结合，布局合理，空间流线动态相连，相得益彰。

D 设计选材 Materials & Cost Effectiveness

材料选择采用单一色系，仿大理石砖与白色相结合。色彩整体统一协调。

E 使用效果 Fidelity to Client

空间极具时尚感，与装饰公司的营运性质极为吻合。处于空间中感觉到的浓浓设计味道，体现出公司的设计势力。

Project Name_
Deconstruction of Space
Chief Designer_
Wang Xiangsu
Participate Designer_
Shuaiwei , Wang Qingqing
Location_
Changsha Hunan
Project Area_
400sqm
Cost_
650,000RMB

项目名称_
空间解构
主案设计_
王湘苏
参与设计师_
帅蔚、王晴晴
项目地点_
湖南 长沙
项目面积_
400平方米
投资金额_
65万元

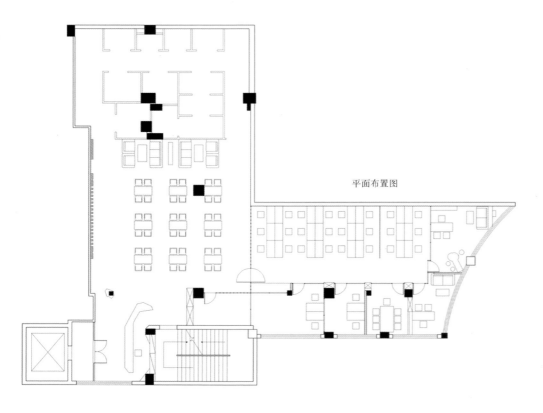

平面布置图

主案设计：
李杰智 Li Jiezhi
博客：
http://822002.china-designer.com
公司：
香港东仓集团有限公司
职位：
设计总监

项目：
可可办公国际
创意亚洲综合楼室内设计-满堂贵金属展示厅

可可国际办公
Cocoa International Office

A 项目定位 Design Proposition

项目自始至终都在寻求映射时尚产业相关的印象，比如BLING BLING 水晶柱的T台通道，一个当代化的汉服衣袖为基础概念的装置等。

B 环境风格 Creativity & Aesthetics

以上需求构成对项目的概念关键词：场景化设计。

C 空间布局 Space Planning

林林总总，促使我们对场景化概念的猜想，空间因需求变换而承载不同的功能，而事件及人物本身都为场景包容，而不仅仅止步于形象接待，反之，接待功能微妙地成为场景本身道具，随场景也在不断变化用途。

D 设计选材 Materials & Cost Effectiveness

无论是下沉式设计部，开放式茶水间或者储书方式，灯光，家具，都是在构建聚落式场景，减少对着电脑呆滞的时间，能更随性的阅读书籍，调试衣物板式，选择物料，同时交流，分享设计。良性的工作环境，良性的竞赛及分享意识。

E 使用效果 Fidelity to Client

在办公台审版，在沙发上谈笑风生，在会议桌上品茶聊会。为一名成功且直率的企业家，做一个他愿意待的地方。

Project Name_
Cocoa International Office
Chief Designer_
Li Jiezhi
Location_
Guangzhou Guangdong
Project Area_
1500sqm
Cost_
3600,000RMB

项目名称_
可可国际办公
主案设计_
李杰智
项目地点_
广东 广州
项目面积_
1500平方米
投资金额_
360万元

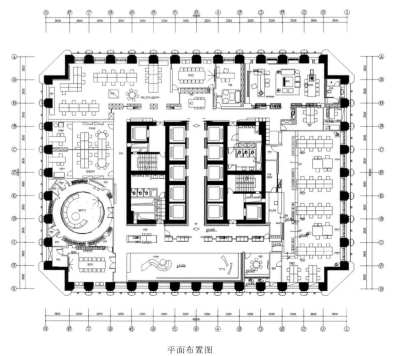

平面布置图

主案设计：
吴联旭 Wu Lianxu
博客：
http://822040.china-designer.com
公司：
C& C(联旭）室内设计有限公司
职位：
总设计师

奖项：
2010年在ICIAD室内设计大赛获会所类银奖、荣誉奖
2008-2009中国室内设计师年度封面人物(提名)
2009年获亚太十大新锐设计师奖
2009年在中国室内设计大赛暨"尚高杯"商业工程类获一等奖2009年在中国室内设计大赛暨"尚高杯"样板房工程类获二等奖

项目：
英菲尼迪系列展厅
烟来斗往俱乐部
静茶•三坊七巷会所
武夷山天心峰茶叶会所
蜜蜂瓷砖展厅

玲珑
Exquisite

A 项目定位 Design Proposition
在有限的空间里奢侈地设计了一条连接室外入口和前厅的通道。设计十分大胆，狭长的通道。

B 环境风格 Creativity & Aesthetics
除了尽头两处灯光，没有任何光源，加上深灰色的地毯，整个通道充斥着静谧、幽邃之感。

C 空间布局 Space Planning
设计的灵感来源于"道"，"道即本源"，走在通道，让人忘记市井的喧嚣，静静地体会生命的意义，思索生活的本源。

D 设计选材 Materials & Cost Effectiveness
轻舞罗袖的雕塑，肌理分明的雪松木饰墙，弥漫的木香，又增添几许神秘。

E 使用效果 Fidelity to Client
员工感觉办公环境良好。

Project Name_
Exquisite
Chief Designer_
Wu Lianxu
Participate Designer_
Lai Rongshui
Location_
Fuzhou Fujian
Project Area_
180sqm
Cost_
300,000RMB

项目名称_
玲珑
主案设计_
吴联旭
参与设计师_
赖荣水
项目地点_
福建 福州
项目面积_
180平方米
投资金额_
30万元

平面布置图

主案设计：
陈轩明 Chen Xuanming
博客：
http://822406.china-designer.com
公司：
DPWT Design Ltd
职位：
董事

奖项：
　筑巢奖2010中国国际空间环境艺术设计大赛
三等奖
　筑巢奖2010中国国际空间环境艺术设计大赛
优秀奖
项目：
北京首都时代广场地铁通道
香港嘉禾青衣电影城

香港嘉禾荃新电影城
美丽华酒店办公室
香港嘉禾青衣电影城
香港嘉禾荃新电影城

美丽华酒店办公室
Miramar Hotel Workspace

A 项目定位 Design Proposition

美丽华酒店工作区办公室是一个搬迁重生的计划，位置在酒店地下一层。这项目旨在通过办公室的设计展示充满活力和生气的酒店气氛，并突出其活泼的现代形象。

B 环境风格 Creativity & Aesthetics

办公室与酒店联系在于从酒店设计提取其风格和色彩方案，并在接待区域展现出来。

C 空间布局 Space Planning

优雅的吊灯、简洁形状的白色接待处、背景和地板加上深浅调子的绿色玻璃墙，迎接来客进入会见室和会议室，令人印象深刻。

D 设计选材 Materials & Cost Effectiveness

颜色可以加强工作区中的生动氛围，充满活力的温暖的色调，如橙，黄，青绿的玻璃墙提高空间的内部质量，创造一个高能量的感觉。同时，整体办公室是用冷色调去平衡这些鲜艳的色彩。炭色的开放式天花，配合规则形状塑料薄膜照明，如自然光使天花轮廓更加明显，形成一个更加轻快的气氛，开发出令工作人员像是接近室外白天的感觉。

E 使用效果 Fidelity to Client

投入使用后效果很理想。

Project Name_
Miramar Hotel Workspace
Chief Designer_
Chen Xuanming
Participate Designer_
Zheng Yawen
Location_
Jiulongcheng District Hongkong
Project Area_
790sqm
Cost_
1220,000RMB

项目名称_
美丽华酒店办公室
主案设计_
陈轩明
参与设计师_
郑雅文
项目地点_
香港 九龙城
项目面积_
790平方米
投资金额_
122万元

JINTANGPRIZE 金堂奖

2011 中国室内设计年度评选
CHINA INTERIOR DESIGN AWARDS 2011

参评机构

张坚_ 长沙优山美地样板房 /008
刘可华_ 创冠集团香港总部 /180

赵绯_ 成都中信未来城水岸洋房 T1 样板房
/012

沈宝宏_ 维拉的院子 5 号公馆 /024

刘卫军_ 西安阳光金城叠拼上户样板房
/034

马燕艳_ 大连南石源居样板间 /058

李文婷_ 成都华润橡树湾 B/066
李文婷_ 成都国嘉城南逸家样板间 A/072
李文婷_ 成都国嘉城南逸家样板间 /076
张灿_MPS 成都芯源系统有限公司 /216

彭征_ 广州凯德置地御金沙售楼部 /088

杨伟勤_ 福州安尼女王销售中心 /106

马晓星_ 南通莱茵藏珑 / 莱茵河畔销售中心区伟勤_ 广州新塘尚东阳光销售中心 /122
/116

马辉_ 杭州远洋大河宸章宸品 /134

朱晓鸣_ 杭州西溪 MOHO 售楼处 /138

姬赞_ 闳约国际设计总部 /154

谢智明_ 广东省助民担保有限公司 /164

余霖_ 醉观园东仓办公室（公司）/170

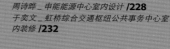

杨克鹏_ 穿越时空 /184

浙江翔隆专利事物所总部办公楼 /192

陈颖_ 年年丰集团办公 /198

赵虹——北京首都机场中国海关大通关办公
楼 /196
董强_ 中国人民保险集团公司南方数据灾备
中心 /206
董强_ 北京筑邦建筑环境艺术设计院室内设
计 /210

周诗晔_ 申能源中心室内设计 /228
于奕文_ 虹桥综合交通枢纽公共事务中心室
内装修 /232

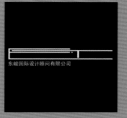

张晓亮_ 腾讯科技北京分公司第三极
办公室 /240

黄振耀_E&T 设计顾问办公室 /258

Arnd_ 艺赛（北京）室内设计有限公司 /266

王湘苏_ 空间解构 /280

吴联旭_ 玲珑 /286

图书在版编目（CIP）数据

中国室内设计年度优秀售楼样板、办公空间作品集 / 金堂奖组委会编．
-- 北京：中国林业出版社，2012.1　（金设计 3）
ISBN 978-7-5038-6400-1

Ⅰ.①中… Ⅱ.①金… Ⅲ.①商业建筑 – 室内装饰设计 – 作品集 – 中国 – 现代
②办公室 – 室内装饰设计 – 作品集 – 中国 – 现代 Ⅳ.① TU247 ② TU243

中国版本图书馆 CIP 数据核字 (2011) 第 239175 号

本书编委员会

组编：《金堂奖》组委会

编写：邱利伟◎董　君◎王灵心◎王　茹◎魏　鑫◎徐　燕◎许　鹏◎叶　洁◎袁代兵◎张　曼
王　亮◎文　侠◎王秋红◎苏秋艳◎孙小勇◎王月中◎刘吴刚◎吴云刚◎周艳晶◎黄　希
朱想玲◎谢自新◎谭冬容◎邱　婷◎欧纯云◎郑兰萍◎林仪平◎杜明珠◎陈美金◎韩　君
李伟华◎欧建国◎潘　毅◎黄柳艳◎张雪华◎杨　梅◎吴慧婷◎张　钢◎许福生◎张　阳
温郎春◎杨秋芳◎陈浩兴◎刘　根◎朱　强◎夏敏昭◎刘嘉东◎李鹏鹏◎陆卫婵◎钟玉凤
高　雪◎李相进◎韩学文◎王　焜◎吴爱芳◎周景时◎潘敏峰◎丁　佳◎孙思晴◎邝丹怡
秦　敏◎黄大周◎刘　洁◎何　奎◎徐　云◎陈晓翠◎陈湘建

整体设计：A&E 北京湛和文化发展有限公司
http://www.anedesign.com

中国林业出版社·建筑与家居出版中心

责任编辑：纪　亮 \ 李　顺
出版咨询：（010）8322 5283

出版：中国林业出版社
（100009 北京西城区德内大街刘海胡同 7 号）
网址：www.cfph.com.cn
E-mail：cfphz@public.bta.net.cn
电话：（010）8322 3051
发行：新华书店
印刷：恒美印务（广州）有限公司
版次：2012 年 1 月第 1 版
印次：2012 年 1 月第 1 次
开本：240mm×300mm，1/8
印张：18.5
字数：200 千字
本册定价：288.00 元（全套定价：1288.00 元）

图书下载：凡购买本书，与我们联系均可免费获取本书的电子图书。
E-MAIL：chenghaipei@126.com　　QQ：179867195